經營顧問叢書 ③⓪②

行銷部流程規範化管理（增訂二版）

王瑞德　編著

憲業企管顧問有限公司　　發行

《行銷部流程規範化管理》增訂二版

序　言

一套健全的企業管理制度，對企業的意義十分重大，因此集合十二位專家鼎力協助，針對企業制度化工作，編著完成這套屬於企業的＜流程規範化管理＞工具套書，該套書目前有行政部、財務部、人力資源部、生產部、行銷部流程規範化管理五本書。

企業要把行銷工作加以規範管理，進而落實到行銷部門的每一個工作崗位和每一件工作事項，是高效執行精細化管理的務實舉措；只有層層實行規範化管理，事事有規範，人人有事做，辦事有標準流程，工作有方案，才能提高企業的整體管理水準，從根本上提高企業行銷部門的執行力，確保增強企業的競爭力。

本書是介紹企業行銷部門各工作崗位的每一個工作流程與工作重點事項，敍述具體的職責、制度、辦法、表格、流程和方案，是一本關於行銷部規範化管理的實務工具書。

本書在 2014 年 7 月推出增訂第二版，內容翻新，增加更多實際運作出現的行銷管理問題，本書是行銷人員開展工作的範例庫、工具書和執行手冊，適合企業管理者、行銷主管、行銷崗位的工作人員，以及所有有志於企業行銷管理工作的讀者。

2014 年 7 月

《行銷部流程規範化管理》增訂二版

目　錄

第 3 章　行銷部的銷售管理 / 67

第 4 章　行銷部的銷售管道管理 / 121

第 1 章

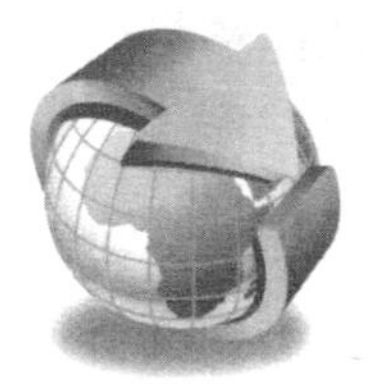

行銷部的組織結構與責權

◎ 行銷部的崗位職責

行銷部最高主管為行銷總監，下轄市場部經理與銷售部經理。其工作崗位職責如下：

第一章　行銷總監的崗位職責

行銷總監的主要職責是根據企業總體戰略，完成總經理下達的年度經營指標，組織完成市場行銷部的銷售目標和任務。

1：制定行銷政策

2：參與制定、審核行銷目標、行銷計畫

3：市場行銷部管理制度的建立

4：管理、督導市場行銷部正常工作

5：設立、管理、監督區域分支機搆正常運作

6：設立、管理、監督管道機構正常運作

7：考核各區域分支機構、管道的業績

8：負責企業的整體銷售運作，包括計畫、組織、進度控制

9：配合銷售經理進行銷售人員行銷技能培訓

10：完成臨時交辦的其他任務

第二章　市場部經理的崗位職責

市場部經理的主要職責是進行行銷企劃，為銷售部的銷售工作提供幫助，配合銷售部完成企業的銷售任務。

1：負責市場部全面的管理工作

2：配合企業年度經營計畫與銷售計畫，進行行銷策劃活動

3：制定與銷售有關的廣告及宣傳促銷計畫

4：籌畫新產品行銷前的準備工作

5：組織本企業產品及競爭品在市場上的銷售調查

6：搜集相關行業政策與資訊，提供資訊支援及管理意見

7：市場部工作任務的佈置、監督與控制

8：對市場部人員的培訓、考核工作評定

9：對於行銷廣告、促銷活動進行控制、管理

10：完成臨時交辦的其他任務

第三章　銷售部經理的崗位職責

銷售部經理的主要職責是根據企業總體戰略，進行客戶開發與管理，以完成企業的整體銷售目標。

1：正確傳達行銷總監提出的行銷組織工作方案，並貫徹執行

2：負責公司的銷售運作，包括計畫、組織、進度控制

3：協助行銷總監制定銷售計畫、銷售政策

4：圍繞企業下達的銷售目標擬寫行銷方針和策略計畫

5：與市場部及其他部門合作，執行銷售計畫

6：制定銷售目標、模式，銷售戰略、銷售預算和獎勵計畫

7：建立和管理銷售隊伍

8：合理分解銷售指標

9：指導、監督本部門進行客戶開拓和維護

10：管理日常銷售業務工作，審閱訂貨、發貨等業務報表，控制銷售活動

11：參與市場調查預測和制定促銷方案、產品的市場價格

12：參與重大合約的談判與簽訂工作，負責對一般合約的審批

13：定期或不定期拜訪重點客戶

14：收集銷售資訊，並回饋給市場部

15：組織完成企業年度銷售目標

16：客戶投訴處理

17：特殊銷售情況處理

18：考核直屬下級並協助制定績效改善計畫

19：對銷售人員進行銷售培訓及指導

20：產成品庫存量控制，提高存貨週轉率

21：完成臨時交辦的其他任務

◎市場行銷部的責權

第一章　市場行銷部的職責

1. 市場部的職責

市場部的職責是在行銷活動中配合銷售部完成行銷任務。

1：根據公司銷售目標擬定市場開發計畫

2：進行市場調查、現有市場分析和未來市場預測

3：行銷資訊庫的建立和維護

4：消費者心理和行為調查

5：消費趨勢預測

6：品牌推廣、消費引導

7：建立競爭對手資訊庫，對競爭對手進行分析與監控

8：管道調查管理

9：給產品以準確的市場定位，為產品定價並進行市場細分

10：利用各種促銷手段，建立良好的產品品牌以及企業形象

11：制定行銷、產品、促銷、形象等企劃方案，並協助相關部門共同實施

12：現有產品研究和新產品市場預測

13：為公司新產品開發提供市場資料

14：其他相關職責

2. 銷售部的職責

1：全面負責公司銷售工作，完成公司銷售目標

2：圍繞公司下達的銷售目標擬定行銷方針和策略計畫

3：制定年度銷售計畫，進行目標分解並實施

4：行銷網路的開拓與合理佈局

5：建立各級客戶資料檔案，保持與客戶之間的雙向溝通

6：組織貨物發運

7：按企業回款制度組織貨款催收或結算貨款

8：組織退貨受理

9：客戶服務、投訴管理

10：合理進行銷售部預算控制

11：配合本系統內相關部門做好推廣促銷活動

12：收集銷售資訊，並回饋給市場部

13：其他相關職責

第二章　市場行銷部的權力

1. 市場部的權力

1：有權參與行銷政策的制定

2：有權參與產品開發戰略的制定

3：有權參與年度、季度、月度行銷計畫的制定，並提出意見和建議

4：開展內部工作的自主權

5：有對破壞公司市場形象的行為提請處罰的權力

6：考核各辦事處銷售經理、銷售人員的參與權

7：內部員工違規行為處罰的權力

8：對內部員工考核的權力

9：內部員工雇用、解聘的建議權

10：要求相關部門配合相關工作的權力

11：對影響市場部工作的其他人員提請處罰的權力

12：其他相關權力

2. 銷售部的權力

1：有權參與公司行銷政策的制定

2：有權參與年度、季度、月度行銷計畫的制定，並提出意見和建議

3：部門內部員工考核的權力

4：考核各辦事處銷售經理、銷售人員的參與權

5：部門內部員工聘任、解聘的建議權

6：部門內部工作開展的自主權

7：要求相關部門配合相關工作的權力

8：其他相關權力

◎ 銷售人員管理規定

第一章　一般規定

第一條　對本公司銷售人員的管理，除按照人事管理規程辦理外，悉依本規定條款進行管理。

第二條　原則上，銷售人員每日按時上班後，由公司出發從事銷售工作，公事結束後返回公司，處理當日業務，但長期出差或深夜返回者除外。

第三條　銷售人員凡因工作關係誤餐時，依照公司有關規定發給誤餐費×元。

第四條　部門主管按月視實際業務量核定銷售人員的業務費用，其金額不得超出下列界限：經理××元，副經理××元，一般

人員××元。

第五條　銷售人員業務所必需的費用，以實報實銷為原則，但事先須提交費用預算，經批准後方可實施。

第六條　銷售人員對特殊客戶實行優惠銷售時，須填寫「優惠銷售申請表」，並呈報主管批准。

第二章　銷售人員職責

第七條　在銷售過程中，銷售人員須遵守下列規定：

（一）注意儀態儀錶，態度謙恭，以禮待人，熱情週到；

（二）嚴守公司經營政策、產品售價折扣、銷售優惠辦法與獎勵規定等商業秘密；

（三）不得接受客戶禮品和招待；

（四）執行公務過程中，不能飲酒；

（五）不能誘勸客戶透支或以不正當管道支付貨款；

（六）工作時間不得辦理私事，不能私用公司交通工具。

第八條　除一般銷售工作外，銷售人員的工作範圍包括：

（一）向客戶講明產品使用用途、設計使用注意事項；

（二）向客戶說明產品性能、規格和特徵；

（三）處理有關產品質量問題；

（四）會同經銷商搜集下列資訊，經整理後呈報上級主管：

1. 客戶對產品質量的反映；

2. 客戶對價格的反映；

3. 用戶用量及市場需求量；

4. 對其他品牌的反映和銷量；

5. 同行競爭對手的動態信用；

6.新產品調查。

（五）定期調查經銷商的庫存、貨款回收及其他經營情況；

（六）督促客戶訂貨的進展；

（七）提出改進質量、營銷方法和價格等方面的建議；

（八）退貨處理；

（九）整理經銷商和客戶的銷售資料。

第三章　工作計畫

第九條　公司營銷或企劃部門應備有「客戶管理卡」和「新老客戶狀況調查表」，供銷售人員做客戶管理之用。

第十條　銷售人員應將一定時期內（每週或每月）的工作安排以「工作計畫表」的形式提交主管核准，同時還需提交「一週銷售計畫表」「銷售計畫表」和「月銷售計畫表」，呈報上級主管。

第十一條　銷售人員應將固定客戶的情況填入「客戶管理卡」和「客戶名冊」，以便更全面地瞭解客戶。

第十二條　對於有希望的客戶，應填寫「希望客戶訪問卡」以作為開拓新客戶的依據。

第十三條　銷售人員對所擁有的客戶，應按每月銷售情況自行劃分為若干等級，或依營業部統一標準設定客戶的銷售等級。

第十四條　銷售人員應填具「客戶目錄表」「客戶等級分類表」「客戶路序分類表」和「客戶路序狀況明細卡」，以保障推銷工作的順利進行。

第十五條　各營業部門應填報「年度客戶統計分析表」，以供銷售人員參考。

第四章　客戶訪問

第十六條　銷售人員原則上每週至少訪問客戶一次，其訪問次數的多少，根據客戶等級確定。

第十七條　銷售人員每日出發時，須攜帶當日預定訪問的客戶卡，以免遺漏差錯。

第十八條　銷售人員每日出發時，須攜帶樣品、產品說明書、名片、產品名錄等。

第十九條　銷售人員在巡迴訪問經銷商時，應檢查其庫存情況，若庫存不足，應查明原因，及時予以補救處理。

第二十條　銷售人員對指定經銷商，應予以援助指導，幫助其解決困難。

第二十一條　銷售人員有責任協助解決各經銷商之間的摩擦和糾紛，以促使經銷商精誠合作。如銷售人員無法解決，應請公司主管出面解決。

第二十二條　若遇客戶退貨，銷售人員須將有關票據收回，否則須填具「銷售退貨證明單」。

第五章　收款

第二十三條　財會部門應將銷售人員每日所售貨物記入分戶賬目，並填制「應收賬款日記表」送各分部，填報「應收賬款催收單」，送各分部主管及相關負責人，以加強貨款回收管理。

第二十四條　財會部門向銷售人員交付催款單時，應附收款單據，為避免混淆，還應填制「各類連號傳票收發記錄備忘表」，轉送營業部門主要催款人。

第二十五條　各分部接到應收賬款單據後，即按帳戶分發給經辦銷售人員，但須填制「傳票簽收簿」。

第二十六條 外勤營銷員收到「應收款催收單」及有關單據後，應裝入專用「收款袋」中，以免丟失。

第二十七條 銷售人員須將每日收款情況，填入「收款日報表」和「日差日報表」，並呈報財會部門。

第二十八條 銷售人員應定期（週和旬）填報「未收款項報告表」，交財會部門核對。

第六章 業務報告

第二十九條 銷售人員須將每日業務填入「工作日報表」，逐日呈報單位主管。日報內容須簡明扼要。

第三十條 對於新開拓客戶，應填制「新開拓客戶報表」，以呈報主管部門設立客戶管理卡。

第七章 附則

第三十一條 銷售人員外出執行公務時，所需交通工具由公司代辦申請，但須填具有關申請和使用保證書。

第三十二條 銷售人員用車耗油費用憑發票報銷，同時應填報「行車記錄表」。

◎銷售員標準作業手冊

第一條　辦理客戶業務前的準備工作

營業助理覆查上次該客戶當面所交代或離開後來電或來函所應辦工作是否已完成，如未完成應速辦妥。

（一）營業助理對客戶所寄來擬在仿製的原樣品，如需準備報價、樣品、印盒、紙套、標紙、標頭、陳列箱、說明書等資料，應即準備齊全，如有問題不能解決，應即向主管經理請示如何處理；

（二）營業助理須將客戶所欲購的項目，應準備最新報價，以滿足客戶再訂購的需要；

（三）營業助理應客戶所需，代訂飯店房間、並於前一天應再與飯店聯絡，不可有誤；

（四）營業助理須通知裝押助理，最遲於客戶來前一日辦妥OOL；

（五）如需採購部配合準備工作，營業助理應協調妥善對大客戶來到公司的日期。

第二條　客戶接待工作

（一）如需到機場迎接，營業部助理應向總務科安排接機事宜，並應於飛機抵達前 2 小時與航空公司機場辦事處聯絡班機確定到達時間。必須提前 5 分鐘抵達機場或飯店將客人接來公司；

（二）如客戶需赴工廠察看，營業助理應事先與工廠聯絡，安排行程；

（三）如客戶需要遊覽名勝古跡，營業助理應事先安排觀光行程。

第三條　客戶來訪接待

（一）赴機場或飯店接客戶前，營業助理應將有關資料、檔案、樣品等置於業務洽談室；

（二）如客戶需要飲料、食品等，營業助理應通知樣品室準備；

（三）如需採購部有關科長備詢時，營業助理應事先通知待命。

第四條　客戶接洽業務

（一）營業部經理及助理陪客戶挑選樣品。

（二）經客戶挑選的有興趣產品，營業助理應即記錄詳細資料及產品編號、規格、包裝明細、訂材數及最近工廠價格。如有必要，得與有關科長協調報價。如客戶是以 C&F 或 CIF 條件採購者，應即計算所擬報單位數量的運費，如該產品客戶以前曾購買者，則應記錄前次廠價與賣價。

（三）與客戶洽談中，對報價及客戶所特有要求的規格、形態、大小、尺寸、厚度、結構材料、顏色、包裝、品質、訂購數量等，營業助理均應詳細列入記錄，必要時畫上該產品草圖。

（四）如客戶當日未能決定採購者，須待次日繼續洽談時，營業助理應將所挑選出來的樣品，留條囑咐樣品室暫保留於業務洽談室內。以免下次洽談時重覆挑選（保留期限不得超過一星期）。

（五）如客戶不予洽談或已洽商完畢的樣品，營業助理應囑咐樣品室歸還原處。

（六）客戶如有任何詢問應即查核答復；如不能即時答復，亦應向客戶說明原因並告以何時答復。

（七）與客戶洽談中，對客戶所交代的工作應於下次洽談前完成。

第五條　整理報價單

（一）應客戶需要，將洽談中感興趣的產品，營業助理與採購部有關科長協調整理報價單，經主管經理核閱後打出交給客戶；

（二）客戶訂購產品，營業助理應於客戶離公司的當日或限內將報價單單項總價及全部總價底稿整理妥當，呈主管經理閱後；按報價單所規定份數增加二份。如是 C&F 或 CIF 時，報價單上的材數不予打出；

（三）營業助理，應即核對報價單是否與底稿相符，如有錯誤即自行修改確實無誤，然後抽出一份報價單請示經理後，開國內訂單，連同國內訂單裝運聯一併交裝押助理；

（四）所有寄國外信件、報價單及其他一切檔須由營業助理核對，並在寄出份上經理簽名處旁簽名和簽注日期，送交主管經理發出，但報關檔由營業助理於結算前自行核對單價數量，必須在當日內完成。

第六條　開國內訂單

營業助理應時常查核自存的報價單，並盡速請主管經理會同有關採購科長發出國內訂單，並在存檔報價單及資料卡或PRICF LIST上註明承制工廠、廠價、國內訂單號碼及日期。

（一）訂單上噱頭可採用下列方式：

1. 刻章；

2. 打字；

3. 由營業助理書寫清楚。

（二）如國內訂單上數量、價格、包裝、規格和其他事項有變更時，即發出「訂單更改通知」與原國內訂單留底聯裝訂一起。

（三）如是將國內訂單改開另一工廠，則應於國內訂單留底聯、驗貨聯、裝運聯上註明,「本訂單是原訂單××號重開,原訂單作廢」並於存檔報價單聯及資料卡或 PRICE LIST 上更改國內訂單號碼、日期、承制廠名稱價格,但在工廠聯及簽回聯上絕對不可註明該訂單是重開,並即將裝運聯直接交裝押助理。

(四)原國內訂單如是改開別家工廠時,須用特別編號,舉例如下:

1. KR 一 1021(此為改開訂單號碼)

2. K 一 1021(此為原訂單號碼)

(五)需退的貨,外箱上要打記號,應於訂單上特別註明,告知工廠。

(六)如是紡織品的訂單,亦應於訂單上註明需辦 CUOTA 才可出口。

(七)印製樣品請款時,務必附上樣品才可付款。

(八)訂單一個 ITEM 在 5,000 以上,科長在時一定要讓科長簽字,才能寄出,如科長不在而急於需寄出的訂單由營業部自行決定。此訂單進否要由科長簽字才寄出,但如未經科長簽字的訂單,採購科長應協助出貨,而催貨則由營業部負責。

(九)凡向工廠催貨(包括配件及印刷品)一切的責任由營業助理負責,但裝押助理協助催貨。

第七條 開妥國內訂單、

(一)國內訂單開妥後,須校對與報價單上所列的包裝、數量是否相符。

(二)開妥國內訂單送主管經理核閱簽名後:

1. 留底聯存查;

2. 工廠聯及簽回聯及驗貨聯交管制中心;

3. 裝運聯連同報價單一份交裝押助理保存出貨用；

4. 簽回聯逾 10 天工廠未自動簽回時，由管制中心過濾，如該訂單單項金額超過美金 2000 元以上者，通知有關副（助）理或外務員負責簽回，（如金額未超過以上金額者不必硬性簽回），如超過美金 5000 元者，務必由各有關科長簽回；

5. 管制中心收到簽回聯時，核對單價、數量後，如簽回聯上有更改部分，應由管制中心通知各承辦助理，再交行政助理處理後轉交各有關人員更改樣品室價格。

（三）營業助理收到出貨樣品時，須詳查出貨樣品的品質規格是否符合客戶要求，如符合則呈閱主管經理後將出貨樣品自行保管；否則即刻請示旅客經理如何處理，驗貨平面由主管經理核閱後收回再保留。

1. 北部地方助理取回出貨樣品，仍交由管制中心銷案後，自行保管；

2. 送他倉庫的出貨樣品亦需取回，但貴重及體積太大的，助理可自行決定是否取回。

（四）工廠收到訂單要求承辦助理改價，須由經理決定，不可自作主張。

第八條　索取樣品

（一）客戶未訂購，但要求樣品的項目應請示主管經理會同採購部有關科長向何家工廠索取樣品，並填妥樣品索取函，以三聯交收發中心，以一聯留底；

（二）客戶已訂購者，應按報價單國內訂單上規定數量向有關工廠索取樣品；

（三）索取樣品如急迫時，以電話與有關工廠及外務員聯絡；

（四）重要樣品如在限期內仍未收到回音時，應即填寫「重要樣品逾期追問單」，交有關採購科長採取緊急措施；

（五）對外務人員交辦的事項，應隨時督促如期完成，如有任何困難時請示主管經理處；

（六）收到工廠樣品後應即詳細檢查是否完好無缺，如有規格不符或損壞應速通知工廠重寄，並囑咐注意改善及小心包裝；

（七）向工廠索取樣品時，要註明該工廠產品的編號，如無工廠編號，須附上草圖或相片；

（八）向工廠索取樣品時，請勿寫客戶及地區名稱；

（九）外借樣品申請單上一律附上2〃×3〃相片留底；

（十）內借（暫借）樣品應於資料中心登記；

（十一）凡一個ITEM拍成一張的相片均以2〃×3〃為主。

附件：

索取樣品職責的劃分：

1. 舊樣品一律由營業部直接向工廠或外務員索取，若無法取得。請科長提供資料，由助手繼續索取，到完成為止；

2. 新樣品一律要科長負責索取，所謂新樣品包括：

⑴客戶送來的樣品（圖片）；

⑵舊樣品但有部分更改者。

①外務員編制隸屬採購部，但其工作直接對營業部負責；

②有訂單的新樣品由科長負責索取樣品到底；

③無訂單的新樣品索取期限已屆，科長無法完成，應呈所屬經理，說明理由。

第九條　寄樣品給客戶

在收到工廠所寄來的樣品上，貼妥本公司標籤與ITEM NO.品名：

（一）如以海郵或空郵寄出者，應打收件人位址、姓名、電話、標籤及 SAMPLE　INVOICE 五聯，在第四聯上簽名及註明日期交包裹組寄出，將第三聯隨同樣品裝入箱內。第一聯寄客戶，第二聯交收發歸檔，第五聯自存。

1. 如樣品數量過多或價值過高，而交涉仍需付樣品費者，應於 SAMPLE　INVOICE 上註明 SAMPLE　CHARGE 並去函向客戶索取樣品費及郵費；

2. 每 3 個月依自存的第五聯 SAMPLE　INVOICE 清理客戶未寄來樣品費郵費或其他費用，打 DEBIT　NOTE 用會計科長名義向客戶索取；

3. 寄國外包裹，由各助理自行包好，裝入箱內；

4. 如寄出 SMP 需辦出口配額者，承辦助理應特別注意事先辦理。

（二）如以航空貨運方式寄出者，應打 SAMPLE　INVOICE 六聯單價打上虛價（不實的價格）第一聯於樣品寄出後隨函寄給客戶，第五聯由航空貨運公司簽名後交秘書室收發人，六聯自存。收到航空貨運公司提單應核對航空運費、客戶地址及班機是否正確，如航空貨運公司計算傭金時核對，其餘交秘書室存檔，如航空運費為本公司支付者。須客戶確實收到貨品時才可簽付運費。

（三）所有寄出國外的樣品須由經理過目，再行寄出。

第十條　客戶來電來函來樣品

（一）收到客戶來電來函，應立即請示經理如何處理；

（二）收到客戶擬仿製的樣品，或寄來的目錄相片，其開發報價等，應即請示主管經理。若有交訂單者，請公司予以獎勵；

（三）主管經理外出時，營業助理應在自己能力範圍內所能管的事先行管理，主管經理返公司後，再呈報處理經過如系緊急事項，應設法與主管經理取得聯絡，以便迅速處理。

第十一條　須經確認樣品、印刷品

（一）如國內訂單上載有樣品、印刷盒、紙套、標紙、標頭經國外客戶確認通過後，立即以公司印的表格，寄交工廠及有關外務員，留底一份交裝押簽收，並在原國內訂單裝運聯上登記後再交回營業助理留存。如以電話通知工廠，應補寄通知以便安排出貨；

（二）客戶正式確認通過的樣品，應會知有關外務員或科長，規格正確以便驗貨。

第十二條　驗貨

（一）如非項目訂單因訂購數量小或外務員忙碌，因地區偏遠無法前往承制廠商貨或因承制廠商品質差，外務人員不能決定可出貨時，外務人員來電或來函通知，營業助理應即請示主管經理如何處理。但北部地方、廣州地區不論任何情況，應通知外務員必須親往驗貨；

（二）營業助理因解決重要問題須往工廠時，應填出差申請表返回公司後憑出差報告表，向總務科請領差旅費；

（三）所有訂單的驗貨聯均由管制中心直接寄交外務員，以便協助催貨，如助理需到倉庫驗貨，自行找裝運聯或留底聯。

第十三條　申請國外（內）傭金賠償

（一）營業助理填妥申請書，送呈主管經理、總經理簽名核准送交押彙科長，如須工廠賠償於表上註明並另填寫扣款單一份交會計。一份交稽核，一份交採購科長，一份留底，以便工廠清款時扣除，如是親自來廠交的客戶，須備妥收據及護照影本送交會計制單。

（申請書為四聯，其中一份留底）

（二）在支付國外傭金時必須

1. 與國外公司訂傭金可在任何地點支付的契約影本交會計；

2. 每支付前由對方公司來信指定由某人攜帶該公司開立的收據支領。

（三）押彙科長收到國外匯款支出申請單，送交有關會計簽收一份，另一份交稽核。

第十四條　對樣品處理

（一）出貨樣品：營業助理必須取得並切實負責驗貨無誤後予以自行保管或予補樣；

（二）收到工廠新樣品，呈閱主管經理後，應附廠商住址、電話及負責人姓名及價格資料即送採購部有關科長編資料；

（三）承辦助理收到新樣品，應從速送採購部，如獲訂單，可得獎金；

（四）有秘密樣品（專利或只能賣給專門客戶）不可隨便陳列於樣品室。其訂單及樣品函的科長欄應改填經理名；

（五）如需向商業部門借出樣品時，應填寫「樣品外借申請單」連同彩色照片呈總經理核閱後方可借出；

（六）如有不可陳列的印刷盒，由承辦助理於出綱 SMPL 上註明「不可陳列」字樣，先交管制中心銷案後，再由管制中心送交承辦助理保管。

第十五條　登出國內訂單

（一）營業助理向裝押助理簽收「營業部訂單貨款支付核准單」須詳細核對單價、數量及扣款事項並作付款記錄後交管制中心核對，無誤後簽名呈閱經理，並將原國內訂單底上予以登出；

（二）凡有退關稅或退貨物稅的工廠在未結關前請款一律保留 50%（包括送倉庫貨），如工廠急需貨款，亦應先開來保證票。

第十六條　接到報價單與國內訂單

裝押助理收到由營業助理轉來的報價單與國內訂單時，應核對報價單與國內訂單上包裝、數量是否完全相符，如發生錯誤或有疑問時，應即與營業助理協調或請示如何處理。

第十七條　簽收 L/C 影本

（一）押彙科長收到 L/C 後，即影印一份送交營業經理簽收，再轉交營業助理核閱並在存檔的 O/C 上登記 L/C 號碼，S/D、V/D 以及金額後，交裝押助理。

（二）L/C 可能發生的問題如下：

1. 收到 L/C 時須先核對總金額、數量、單價是否正確；

2. 收到 L/C 時，這天如距有效日少於三天，即須向主管經理提出；

3. 通常 L/C 是可分批，如不可分打，須向主管經理提出；

4. 如無直接船可到達的港口，須看 L/C 是否可以轉船，如不可以須請示主管經理，必須特別注意出口港不能指定為廣州；

5. 核對受益人全名、位址有無錯誤；

6. 核對交易條件為 FOB、CIF、C&F 是否相符；

7. L/C 內容有無錯別字；

8. 有無規定整批或限裝貨櫃或特別指定船公司；

9. 如同一戶有數張 L/C 時須看有無規定可予合併；

10. 如 L/C、直接由國外客戶寄來，而未經銀行登記，須即請示主管經理是否送銀行核對其簽字是否符合；

11. 如遠期付款的 L/C 應查看利息，是否由買方負擔，如否應即請示主管經理；

12. 如有怪異字眼，或條款有違背常理者，應即請示主管經理。

第十八條　裝船通知單

（一）依照國內訂單的規定交貨日期一個月至一個月前開始作業，由裝押助理按外勤人員的報告或直接與工廠聯繫後填寫裝船通知單。

送貨櫃場者：共四聯。

第一聯：寄工廠，由裝押助理寫好廠商信封交營業助理簽字後再送收發。

第二、三聯：

1. 寄有關外務員，在第二聯上填妥確定出貨日期、淨重、毛重、體積、未能如期交貨原因後寄回經理，再交裝押助理協調安排。

2. 如每一 ITEM 超過美金 5000 元者，第二聯交有關科長，第三聯仍寄交外務員。

第四聯：裝押助理存查。

貨送倉庫者：填「送倉裝船通知單」，共二聯。

第一聯：寄工廠，由裝押助理寫好廠商信封，交營業助理簽字後，再送收發。

第二聯：裝押助理存查。

如重要訂單未能如期交貨，得填寫「重要訂單逾期追問單」交有關科長協助處理。

（二）對於國內訂單規定收到 L/C 後才通知生產者的情況，收到 L/C 當日即在裝船通知單上註明「L/C 已收到」，船期通常以 S/D 期限前三星期為宜（彈性應用）。

（三）對於國內訂單規定須等樣品確實通過才生產的情況，當收到客戶確認函電時，由營業助理填寫確認函交工廠，並將留底聯交有關裝押助理簽收，並在國內訂單裝運聯上登記後，再交回營業助理，以便安排船期。

（四）如出口到美、日地區，應將經濟部商品檢驗局的原料來源加工處所要求的表格填妥，可隨同第一聯裝船通知單寄往工廠或交外務員蓋章填寫後寄回，然後再回經濟部商品檢驗局申請產地證明書。

（五）需確實注意出口貨品是否含有須辦退稅的進口零件，協調報關後前往有關工廠辦理手續。

第十九條　催貨

（一）送貨櫃場的裝船通知單發出後一星期內如無回音交貨，應該會同營業助理向工廠或外勤業務人員催貨；

（二）退稅資料寄來本公司時，應先告知工廠填寫承辦人姓名，否則經常出現很多助理有同一家工廠的貨，退稅資料往往誤傳，而發生工廠不能退稅的麻煩。

第二十條　收到倉庫送來的進貨單

（一）裝押助理收到進貨單應即核對，對照所列的嘜頭、數量、包裝情況表是否與國內訂單符合，如需更正即刻通知倉儲科長處理；

（二）收到進貨單後，需通知助理前往倉庫驗貨，並制訂「來部訂單貨款支付核准單」；

（三）如未通知送貨櫃場而擅自送來倉庫者，應扣運費。

第二十一條　簽訂 S/0

（一）依據出貨明細表及國內訂單裝運聯所示大約材數計算體積重量；

（二）向擬裝運的船公司或報關行查是否確實簽到 S/0；

（三）船期如有提前或延後，應立即與工廠聯繫，務必配合；

（四）打 S/0 時須查核是否每張均打，如有漏打，應及時補上，以免報關行在船公司重打，浪費時間；

（五）簽 S/O 的時間應提早一星期或兩星期，或事先用電話與船公司聯絡訂船位；

（六）如裝整台貨櫃時，必須貨物實際重不可超過船公司所規定的重，如超過時應請示主管經理處理。

第二十二條　結關前工作

（一）如由倉庫裝貨櫃出貨者，應提前將出貨明細表一份交倉儲科科長，以便送貨（貨未到或尚未驗貨，應在明細表上註明）；

（二）如由倉庫出卡車者，須在結關前二天將出貨明細表交押彙科長，以便及時通知卡車，貨未到或尚未驗貨時必須在明細表上註明；

（三）須密切注意倉庫出貨時間、車號、嘜頭、數量及送貨地點，確定時應即通知報關行；

（四）於船期結關前一日，確定出貨明細表的正確項目、數量，如所出的貨有配件印刷工廠者，須於出貨明細表上註明；

（五）打 PRCKING LIST 六份，並將其中三份抬頭改成 INVOICE，並於其上註明每家工廠正確全名，統一編號、發票號碼，交營業助理核閱。並填寫出口登記本四聯，第五聯（財務）連同 PACKING LIST 三份，INVOICF 二份送交押彙科長蓋章後，連同退稅資料交報關行，二份交會計科長，另一份 INVOICE 自行留底；

（六）出口登記本上所列規定送件日期及預計入賬日期，應填寫結關後七天，如有遲延應寫原因；

（七）送貨當天早上必須聯絡工廠確實出貨時間、卡車號碼及到達時間，確定時立即通知報關行；

（八）結關當天如有未能確定工廠出貨的情況，須立即修改資料，並報關；

（九）貨如未依時間送達，所發生海關費用及規費應有記錄，並在簽訂單支付核准單時填上應扣數目，注意請款時扣除；

（十）裝押助理如當日有結關的貨，須所有的貨到達且確實報關完畢，才可下班；

（十一）裝押助理必須待進貨櫃場的貨確已送達無誤後，才可制「營業部訂單貨款支付核准單」；

（十二）工廠的出貨發票要開送貨當天的日期，配件，如分批出貨，亦需於每一次出貨（磅貨）即開來當天的發票，不可延遲於送貨；

（十三）工廠如在貨未結關前，即已送達貨櫃場，同時有需退貨物稅或關稅者，請款時一律暫時保留 50%，並於貨款支付核准單上註明此點。

第二十三條　結關後工作

（一）裝押助理須查詢報關行及船公司，貨是否確實出口無誤，如確實無誤，將出口明細表一份交會計，另一份送管制中心，並將營業部半日貨款支付核准單交營業助理；

（二）除非以錯單出口者催 CBC 必須確實於結關次日取得，而且須隨時催報關行，最遲須於一星期內取得，否則須向主管經理報備；

（三）於 CBC 到達後，如要辦理經濟部產地證明書，須附上 INVOICE 一份，工廠已蓋好章的原料來源加工證明書一份及 CBC 副本一份送交報關行，以便辦理產地證明；

（四）在拿 B/L 前須將 S/O 留底，並將正確無誤的一份交報關行，以便到船公司拿 B/L 時核對；，

（五）在收到 B/L 時立刻核對材數與運費，看與內容有無錯誤，是否符合；

（六）B/L 如須預付運費，應會同營業助理填妥營業部雜費支付核准單，並交有關會計，如經理不在，為爭取時效，可憑裝押助理簽名，即送會計付款，事後由會計送給經理、副經理、助理補簽；

（七）將檔備妥，待檔齊全後，將全套押彙檔另加出貨明細表 INVOICE、B/L 各一份連同出口登記本第三聯（稽核）、第四聯（押彙）交押彙科長，將必要文件轉送銀行押彙。出口登記本第三聯由押彙科長轉送稽核，時間由結關日起不得超過七天，如有延誤需寫原因，並須扣各經理利息，並處罰裝押助理；

（八）押准檔存檔聯及寄交客戶聯，經由營業助理呈閱主管經理後，分別寄出並在存檔聯上註明「歸檔」，交收發中心；

（九）押彙科長收到結匯證書連同信匯回條、出貨明細表、INVOICE 及 B/L 各一份送交有關會計。

第二十四條　打 OOL

視客戶或經理需要，裝押助理應按所辦客戶會同營業助理打 OOL 三份，一份由裝押助理留存，兩份轉交營業助理留存一份，另一份呈閱主管經理。

第二十五條　收到倉庫存貨週報表

倉儲科須於每週一上午 11 時半前將倉庫週報表送交行政助理，行政助理於午前送交裝押助理，裝押助理收到後須填妥 L/C 期限欄及裝船日期欄，並核對數量、嘜頭、廠商無誤後交營業助理核對，於每週二中午下班前交主管經理，然後轉交行政助理，如倉庫存貨週報表上有錯誤時須立刻去電話與倉儲科長聯繫查明。

第二十六條　申請 LOCAL　L/C

（一）向押彙科長取表填妥，即送主管經理，總經理簽名核准交押彙科長申請，在開本地信用證申請書上須註明開給何家工廠，手續費是否從工廠扣除；

（二）押彙時 LOCAL　L/C 複印件本一份需送押彙科長。

第二十七條　貨完全出清時的工作

（一）國內訂單裝運聯待貨完全出清不再使用時，應自行燒掉；

（二）L/C 複印本待貨完全出清不再使用時，應立即交押彙科長。

第二十八條　核簽報關費

（一）核對嘜頭、件數是否無誤，並於出口登記本留底聯註銷，並於出口登記本上報關費欄登記該報關費，以免報關行重覆請款；

（二）報關費如多出規定費用時，應簽請經理核准。

心得欄 ----------------------------

◎銷售管理流程

1. 銷售情況上報管理流程圖

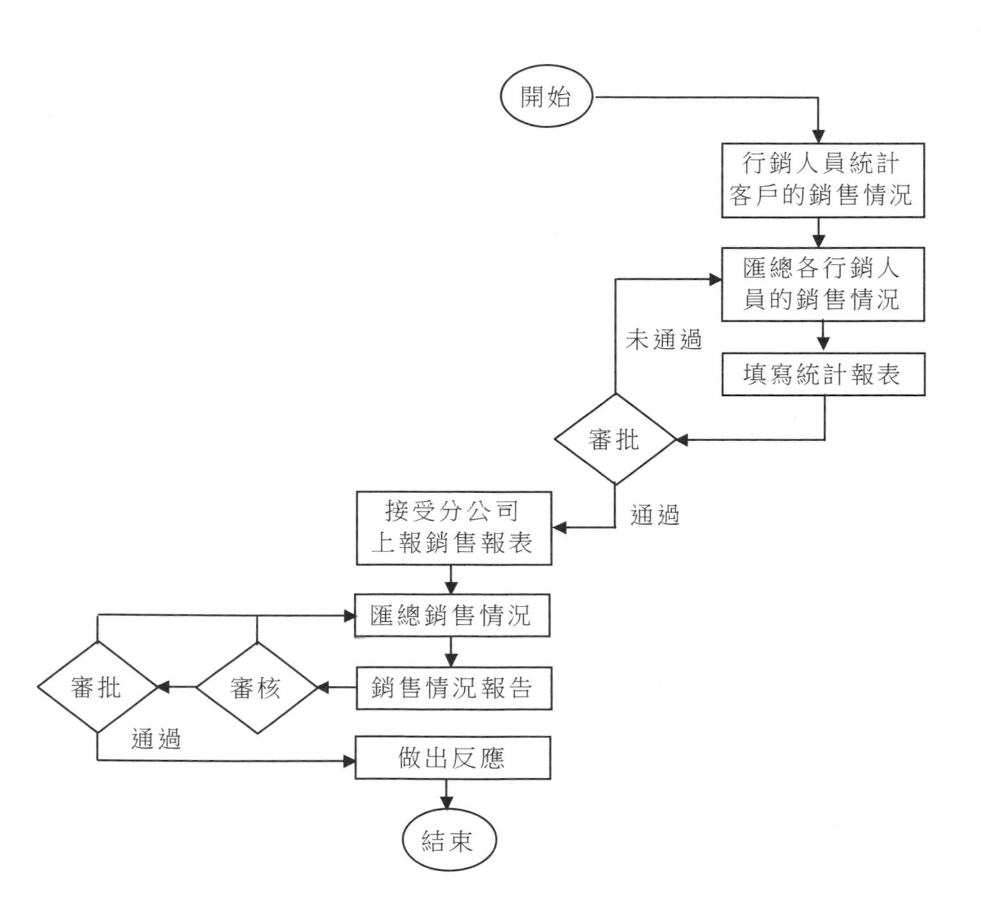

2.銷售管理流程圖

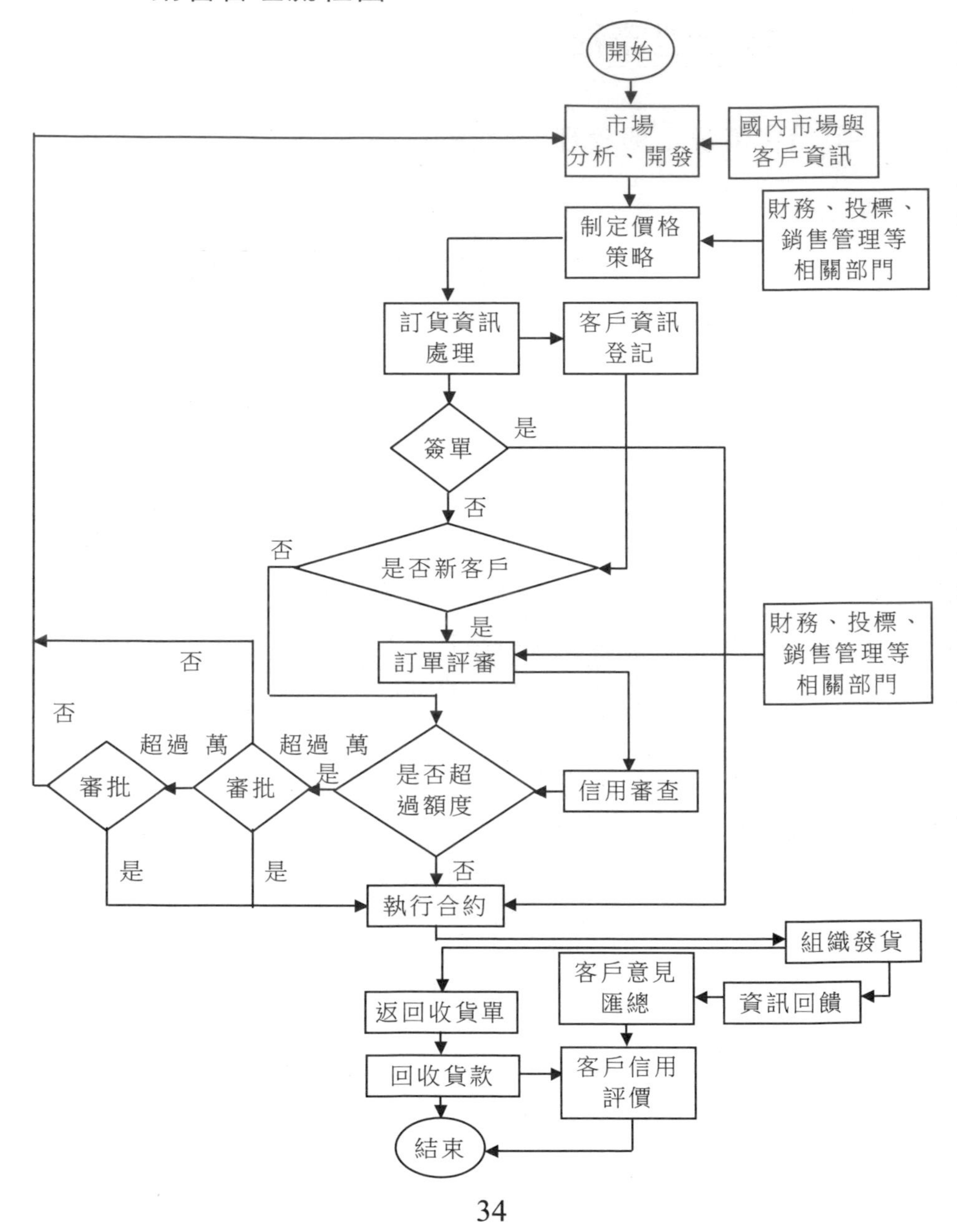
開始
市場
分析、開發
國內市場與
客戶資訊
制定價格
策略
財務、投標、
銷售管理等
相關部門
訂貨資訊
處理
客戶資訊
登記
簽單
是
否
是否新客戶
否
是
訂單評審
財務、投標、
銷售管理等
相關部門
否
否
超過 萬
超過 萬
是
審批
審批
是否超
過額度
信用審查
是
是
否
執行合約
組織發貨
客戶意見
匯總
返回收貨單
資訊回饋
回收貨款
客戶信用
評價
結束

3.行銷進度控制管理流程圖

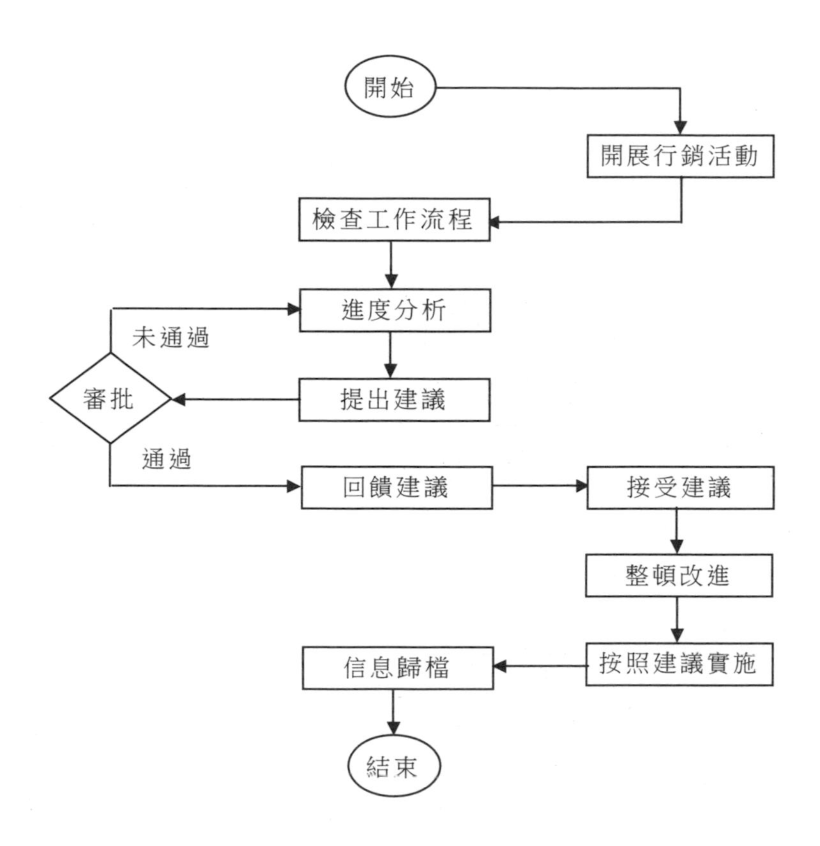

4.客戶服務管理流程圖

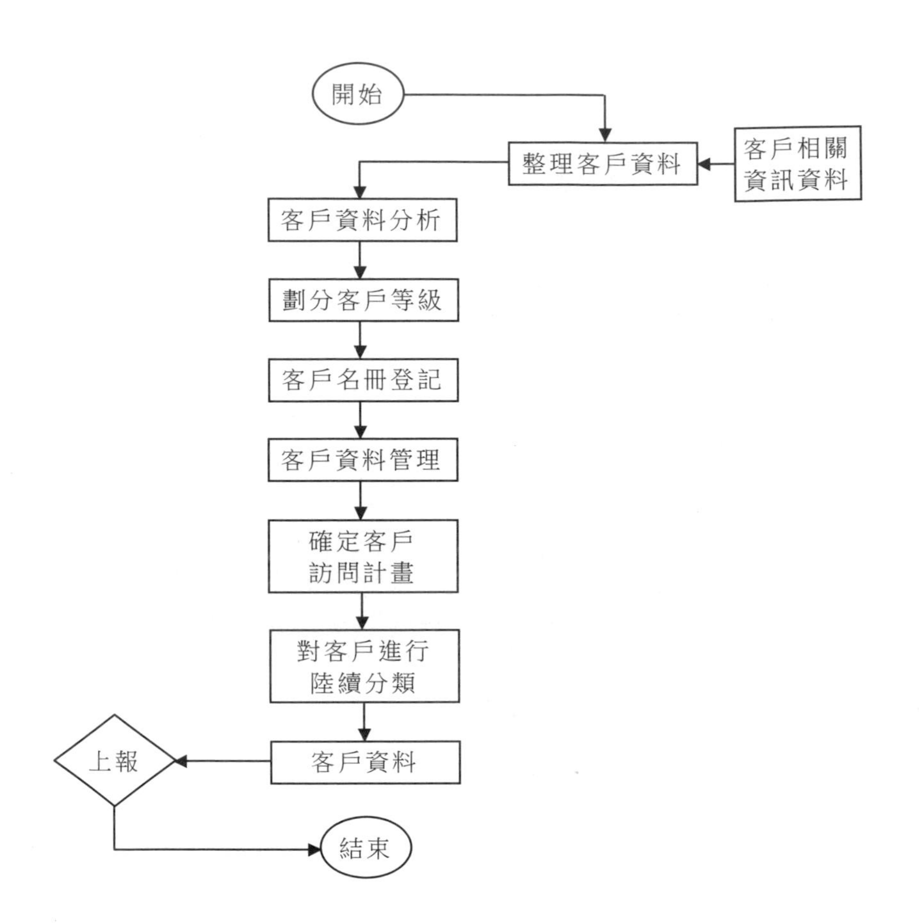
開始
整理客戶資料
客戶相關
資訊資料
客戶資料分析
劃分客戶等級
客戶名冊登記
客戶資料管理
確定客戶
訪問計畫
對客戶進行
陸續分類
上報
客戶資料
結束

◎行銷業務管理制度

第一章　銷售區域劃分

第一條　分公司經理需具體明確地劃分出各業務人員的管理服務區域，在地圖上明確標明，各業務人員人手一份地圖，在地圖中將自己的服務區域界線粗筆劃明。經理要求強調執行區域界線的嚴肅性，在一定期限內要保持區域界線的相對穩定，業務員無權變更及調換服務區域，區域界線的解釋、裁定、變更由經理負責。

第二條　分公司的經營對象分為直銷市場、批發市場、經銷市場三種。業務員只從事轄區內直銷市場的經營，轄區內批發市場由公司統一經營，經銷市場由經理或經理指派代理人經營，其他業務員無權經營。

第三條　業務員對轄區內的地理環境、人口密度、消費水準、市場變化要瞭若指掌，掌握市場的變化、同行競爭的情形並擬定應變政策。

第四條　經理、科長及業務員要隨時瞭解各類客戶的銷售性、安全性、收益性、發展性、合作性等情況。

第二章　越區銷售管制辦法

第五條　越區銷售管制辦法

（一）無法避免越區時，作業方式如下：

1. 出貨的分公司應先填寫「越區銷售管製表」，將使用地點、工程名稱、品名、數量、單價、交期、使用者等資料填寫完整，傳真給使用地點所屬分公司經理簽名同意後，再由使用地點所屬分公司傳真一份回總公司作為交貨憑證；另傳真一份給出貨的分公司存檔；

2.「代銷傭金」分配：使用地點所屬分公司佔 1／3，出貨的分公司佔 2／3；

3.由出貨的分公司負責收款及全部風險。若發生呆滯時則使出貨地點所屬分公司無「代銷傭金」。

（二）若未按上列規定而擅自越區銷售被查獲時，其業績與「代銷傭金」均劃歸使用地點所屬分公司；且風險由出貨的分公司負擔。

第三章　越區銷售的處罰規定

第六條　對業務員的處罰

（一）第一次越區銷售，營業額歸公司所有，並倒扣 500%的業績；

（二）第二次越區銷售，營業額歸公司所有，倒扣 500%的業績，並扣罰 80%銷售獎金；

（三）第三次越區銷售，營業額歸公司所有，並倒扣 500%的業績，當月銷售獎金取消，予以行政處分；

（四）第四次越區銷售，調離業務員工作崗位。

第七條　對方公司的處罰

（一）故意越區銷售的營業額歸總公司所有，並倒扣 500%的業績；

（二）經理給予行政處分；

（三）經理將給予經濟處罰，處罰辦法為：第一次越區銷售若查證落實，經理年終獎金發放最低值並扣罰 5%的年終獎金；第二次越區銷售若查證落實，扣經理年終獎金的 50%；第三次越區銷售若查證落實，扣罰經理全部年終獎金。

第八條　對經銷商的處罰

（一）第一次越區銷售，把原扣利減三分之一；

（二）第二次越區銷售，扣利取消；

（三）第三次越區銷售，將終止一切業務往來，取消經銷資格。

第四章　客戶管理

第九條　營業科外勤人員在訪問或開拓新客戶時，應留意下列事項：

（一）瞭解對方在業務上的需求，判定對方在銷售上的立場與政策；

（二）考察對方進貨及銷售的意向；

（三）利用談話、訪問來引導對方購買的意向；

（四）針對對方的購買意識、對商品的瞭解程度，檢討我方計畫的合適與否；

（五）檢討對方的銷售政策與營業預算是否與本公司商品合適。

第十條　營業科的外勤人員應致力於商品知識、銷售方法及市場知識的研究；同時須勤於調查銷售客戶的狀況，隨時以預算、效率化為基準，冷靜且親切地致力於銷售活動。

第十一條　對客戶提示重要事項或表達意向時，須取得經理的認可後方得進行。

第十二條　交易的開始有的是基於對方的申請，有的是出自我方的誘導，不管是何種方式，除了交易一開始即以現金往來的情況之外，都須事前對交易客戶的資產、銷售能力、負債、信用及其他評核事項進行調查，並向部長提出報告。

第十三條　對於各家客戶須制訂例行的訪問安排及收款預定。

另外，對於銷售新商品，也須擬定每月的大概定額，並根據此來開拓新交易。

第十四條　不論老客戶或新交易客戶，都須事先瞭解有關情況，有了充分的調查，才能儘早與對方進行交涉。

第十五條　對於同行的計畫內容及交貨實績，須經常調查，如此才能檢討自己在接受訂貨上的難易。另外，對於自己在業務上的過失，應查明原因，以便彌補缺陷。

第十六條　營業科應針對各方面的訂貨情況，進行廣泛的調查，使銷售活動的資料齊備，供相關人員參考。有關資料的重要來源有：

⑴從有關報紙上做剪報；

⑵參考雜誌及其調查報告；

⑶本行業的有關資訊。

第十七條　建立轄區內每位元客戶資料卡，一式三份，一份由業務員保存，一份由分公司存檔備查，一份由總公司行銷部備檔。客戶資料卡必須由經理、科長簽字認可方可進行業務往來，每日由公司核對業務往來情況後，將每日的銷售情況填寫在客戶資料卡中，並將變化情況記錄在案。

第十八條　全國分公司使用統一的客戶資料卡，由總公司行銷部統一印刷。

第十九條　未經公司經理或科長同意，業務員不得隨意增減客戶。

第二十條　將客戶資料卡中的客戶劃分出級

(一)業務員轄區的直銷客戶，需根據營業額、固定資產規模、企業性質劃分出客戶的級數，用字母 A、B、C、D 代表；

(二)對於 A 級、B 級商店的經理、採購人員、會計、出納、倉管、櫃組長、營業員的個性、愛好、家庭狀況，業務員都要建檔管理，要做到非常熟悉；

(三)批發客戶不進行級數劃分，統一由公司內勤人員建立客戶資料卡，批發和直銷需作嚴格的劃分，批發市場由公司指派人員經營，內勤人員具體辦理業務手續，批發市場的統一管理辦法由經理根據市場的變化彈性調整，必須將批發和直銷控制在一定的比例範圍內，以便互相牽制，批發客戶一律現款現貨，不屬於合約管理的客戶；

(四)經銷客戶根據經銷商的銷售情況，對公司貨款的安全性、未來的發展潛力，以及彼此配合的合作情況等因素劃分為 A、B 兩類，A 類為大型經銷商，B 類為小型經銷商，由公司內勤統一建立客戶資料卡，經銷客戶屬合約管理的客戶；

(五)彈性劃分客戶的級數，客戶資料卡由主管定期審核。

第二十一條　與老客戶應經常保持密切的聯繫

第二十二條　在與對方進行交易洽談時，應適當地提供餐飲、茶點及香煙等等。如需要外出用餐時，應於事前提出預算，取得經理或董事長的認可。

第二十三條　開拓新客戶通常應由老客戶介紹進行

第五章　估價

第二十四條　商品的估價需根據下月生產採購的估價成本來估算，並由經理裁決後，提供給各客戶作為參考。

第二十五條　估價單的製作由營業科的內勤人員負責，通常須先從客戶處拿到正確的訂貨單後才著手進行。

第二十六條　營業部平常就必須完備下列各項資料：

⑴主要材料價格表；

⑵預估成本計算表(主要材料費、輔助材料費、加工費)；

⑶一般市價表；

⑷標準品單價表。

第二十七條　營業科對定期委託製造生產的標準品，應要求製造部提出其主要材料價格表與估價成本計算表。

第二十八條　對於標準品以外的交易或估價委託，每次都須經由生產部經理的裁決，以估價的價格方式處理。

第二十九條　對客戶做估價時，應儘快進行調查，儘快提交報告。

第三十條　將估價單交給客戶之後，必須在估價賬目表中記入提出日期及合約簽訂狀況。

第六章　訂貨受理

第三十一條　營業科在確認訂貨已成立時，應將工廠生產及出貨的必要事項記入訂貨受理傳票中，發函給相關單位。其規定如下：

(一)一般訂貨受理傳票。本傳票在受理一般性訂貨時填寫，通常印製二份，一份交給本人，一份交給營業科受理股保管，在製成訂貨編號，並做好製造委託書(複印四份)後，將其中 A、B、C 三聯交給生產部。

（二）特別訂貨受理傳票主要為大量生產產品或訂有長期契約的商品、出口品時填寫，一共五份，一份由本人保管，一份交給經理（或董事長）閱覽後，由營業科受理保管，另外二份交給生產部，剩餘的一份交給總務部。本傳票必須記明品名、規格、數量、單價、金額、交貨日期、裁決條件、交貨地點、捆包運送方式及其他必要事項。

（三）預估生產委託表。營業部在委託生產標準品的預估生產或其他特定品的生產時應填寫本表。本表須記明品名、規格、數量、生產完成的希望日期及其他必要事項。填寫並取得營業經理的認可後，交給製造部。

第三十二條　所有電話、外部銷售或來函訂貨的受理，不論外勤或是內勤，皆由受理訂貨的本人填寫本訂貨受理傳票。

第三十三條　營業科須每月製作下列資料，配發給有關的部科：上月底的訂貨受理餘額；本月份的訂貨受理額；本月份的交貨量；上月底預估生產委託餘額；本月份的預估生產委託額；本月份的預估生產額。

第三十四條　營業科向生產部公告預估生產委託時，應要求提出下列的處理報告，以說明其經過：

一是製造品與在製品的區分。二是製造品的交貨預定。

第三十五條　營業部為執行各項計畫，使銷售、訂貨受理活動順利進行，應與製造部保持密切聯繫，並隨時準備下列三項資料：

商品庫存明細表；主要材料的進廠預定表；主要材料的庫存明細表。

第七章　交貨

第三十六條　營業科對於客戶的訂貨商品及委託生產的商品的交貨期，須經常與製造部保持聯繫，以掌握其進展狀況；

第三十七條　營業科若已於指定交貨日期前確實可交貨，應主動與客戶聯繫確定交貨時間。

第三十八條　當確認訂貨商品的交貨日可能延遲時，應通知訂貨客戶，以取得其理解。

第三十九條　商品的交貨與配送業務由營業科進出貨管理組負責。

第四十條　在交貨或配送商品時，發行送貨通知單的內容記載要項包括：客戶名稱；品名、規格、數量、單價、金額；明細及其他事項。

第四十一條　商品交貨、配送後，客戶如有拒絕收貨、要求退貨及其他訴怨問題時，應取得負責人或營業經理的認可，設法尋求處理辦法。

第八章　送貨單

第四十二條　由行銷部統一印製一式四聯、號碼連續、裝訂成冊的送貨單，空白送貨單統一由分公司會計保管，領用時需在《送貨單使用登記本》上簽名登記，用完後對號註銷並領新送貨單，每位業務員最多只能領兩本送貨單。送貨單視同有價證券。

第四十三條　送貨單由公司統計、會計或業務員填寫。填開送貨單時，應按順序號碼全份一次複寫，各欄內容應當真實完整，全部聯次內容要完全一致，未填用的大寫金額，應劃上「⊗」符號封頂，作廢的送貨單應整份保存，並註明作廢字樣。

第四十四條　送貨單嚴禁代開、塗改、挖補、變造、撕毀、拆本和單聯填開，違反上述規定，公司視情節給予處分。不重視本條文者可以不發全月獎金。

第四十五條　所有退貨一律以紅筆逐頁填開送貨單。

第四十六條　送貨單交由公司倉管簽名後，存根聯應由倉管保存，作為倉管記《庫存商品明細賬》及做《銷貨日報表》的依據，同時也是發貨的依據。

第四十七條　業務員填開的送貨單要由本人簽名，不得代人簽名，填開送貨單後，交由經理或科長審核簽字，倉管方可出貨。

第四十八條　送貨單交由對方客戶簽名後，客戶留存聯應交由客戶保存，作為客戶同業務員對賬的依據。

第四十九條　送貨單財務記賬聯交由統計或出納保管，作為統計或出納記《客戶明細賬》、《銷貨日報表》及《客戶資料卡》的依據。

第五十條　每日送貨歸來後，送貨單業務收賬聯應交由經理保管，業務員每日收款需要經理保存的《業務收賬聯登記本》上簽名認領，當日收回貨款由出納加蓋「結清」字樣章（現金結清或轉賬結清）或註明收款金額後做《銷貨日報表》，當日業務工作完畢後應將當日認領的業務收賬聯全數退還經理，結賬後，需在客戶留存聯上簽字認可，以示負責。

第五十一條　倉管、統計或出納保管的當月送貨單，在每月底核對無誤後，倉管留存聯應裝訂成冊，經理會同統計或出納將蓋有結清字樣的送貨單，核對無誤後裝訂成冊。裝訂成冊的送貨單應全部交由會計保管。沒有收回貨款的活頁送貨單（經理保管的業務收賬聯及統計或出納保管的財務記帳聯）核對無誤後，按月作為會計向業務員下發《催款通知單》的依據，也是核對逾期未收款與呆賬的依據。

第九章　銷貨日報表

第五十二條　業務員、統計、倉管每人每天應按照送貨單的數量、金額填寫一份《銷貨日報表》,《銷貨日報表》需按格式填寫，要求字跡清楚、工整，數量、金額準確無誤，出納每日需按照送貨單、發票填寫一份《收款日報表》。

第五十三條　業務員、統計填寫的《銷貨日報表》中應分鋪貨和收款兩類，要分別填寫，要有合計，這樣便於掌握當日的鋪貨、收款情況，累計數指的是從月初截止填寫日的合計數。

第五十四條　會計每天根據業務員及倉管的《銷貨日報表》來核對鋪貨的數量及金額，根據業務員及出納的《銷貨日報表》來核對收款的金額。

第五十五條　會計每日核對「四表」，準確無誤後簽字認可，並對統計、倉管及出納的賬目要定期審核，做到「四表」相符、賬表相符、賬證相符、賬物相符、賬款相符。

第十章　圖表

第五十六條　《銷貨日報表》會計簽字認可後，由出納與倉管將《銷貨日報表》中鋪貨金額與收款金額繪製在鋪貨收款座標圖中，本圖需每天繪製，以便每位業務員掌握自己及同仁的經營情況，出納每日繪製收款座標圖，倉管每日繪製鋪貨座標圖。

第五十七條　鋪貨、收款座標圖分為公司及業務員兩類，統一由出納、倉管繪製。

第五十八條　鋪貨、收款座標圖每日更換一次，座標圖中橫軸為日期，縱軸為貨物金額，鋪貨、收款在一張圖表上反映為兩條曲線，本日無收款、鋪貨時，為與橫軸平行的直線。

第五十九條　倉管需設置一張庫存商品一覽表，本圖表每日填寫，其中應包括合計的收發存，每種規格的收發存。銷售高峰時，本圖表不再公佈示眾，只有經理有權閱覽，以便經理全面合理安排春節銷貨高峰的貨物。

第十一章　催款通知單

第六十條　《催款通知單》是以業務發生的順序為基礎，在月底結賬時，對市場應收款狀態的全面反映。

第六十一條　每月底結賬後，會計應該對業務員的所有市場應收款，以月為階段填制《催款通知單》。

第六十二條　《催款通知單》需按要求填寫清楚，明細要準確。以便瞭解每位業務員的市場應收款、逾期未收款及呆賬。

第六十三條　《催款通知單》由會計簽發加蓋財務專用章，一式三份，業務員持一份，科長或經理持一份。公司保留所有裝訂成冊的《催款通知單》，並在扉頁註明全公司市場應收款金額、逾期未收款金額及呆賬金額，此份通知單供財務人員及經理閱覽，由財務人員負責保存，同時也是核發銷售獎金時扣罰的依據。

第六十四條　業務員及科長接到《催款通知單》後，應儘快召開業務工作會議，想辦法儘快收回貨款，防止形成逾期未收款，並竭盡全力防止呆賬的產生，必要時第一時間呈報經理解決處理。

第六十五條　經理有責任和義務幫助業務人員追討貨款。

第十二章　檔案保管

第六十六條　分公司按月將送貨單、報表裝訂成冊，並由會計歸檔保管。

第六十七條　公司保存的《催款通知單》、《客戶資料卡）均應裝訂成冊，會計保管下允許活頁保存。

第六十八條　供貨合約、收發文每月都應整理歸類，按年裝訂成冊。

心得欄

第 2 章

行銷部的銷售計畫管理

◎年度銷售計畫編制制度

第 1 章　確定年度銷售目標

第 1 條　銷售額目標

(1)企業年度、季度、月度銷售目標應依據上一年度、上一季度、上一月度的目標具體制定，應以具體數字的形式體現出來。

(2)把年度目標分解到季度，落實到每一個銷售部門。

(3)將每一個銷售部門的銷售目標落實到每一位元銷售人員的身上。

第 2 條　利潤目標

(1)企業全年預計實現利潤×××萬元以上。

(2)將利潤具體分配到每一個銷售部門，制定各個部門利潤完成情況對比表。

第 3 條　新產品的銷售目標

(1)企業每年對新產品制定預計銷售目標。

(2)新產品的銷售目標比照上一年度新產品銷售的實際情況制定。

第2章　計畫編制依據

第4條　銷售計畫編制依據

(1)企業上一年度的銷售數據。

(2)企業上一年度的廣告投入和銷售額增長之間的關係。

(3)企業銷售機構數和銷售人員數量。

(4)企業上一年度各部門銷售實際完成率。

第5條　新產品銷售計畫編制依據

(1)上一年度新產品的銷售情況。

(2)新產品廣告費用和投放區域。

(3)新產品的消費群數量。

(4)新產品的上市時間。

第3章　銷售計畫編制程序

第6條　銷售費用預算編制

(1)按照上一年的銷售費用實際情況進行編制。

(2)新產品按照利潤率倒推。

(3)部門銷售費用按照上一年實際發生額和本年度銷售目標額的比率制定。

第7條　銷售計畫和費用控制

(1)每個月都要對銷售計畫的完成情況製作報表。

(2)每個季度進行分析和調整，每半年進行一次總結。

(3)對重點經銷商和零售商，要進行重點跟蹤和支持，每月統計銷售數據。

(4)每月對銷售費用進行一次匯總報表，以便從總體上進行控制。

◎月度銷售計畫編制制度

第 1 條　收集過去 3 年間各月銷售業績

將過去 3 年間銷售業績資料取出，並且詳細瞭解各年度每月的銷售額。

第 2 條　將過去 3 年的銷售業績合計起來。將過去 3 年的各月銷售業績進行總計。

第 3 條　得到過去 3 年間的各月銷售比重如表最右邊那欄所示，以 3 年間每個月合計的銷售總額為 100 計，將每個月的 3 年合計業績除以全部 3 年合計業績即可得出各月銷售比重，將計算所得按月填入表中。視每月銷售情況不同，可看出因季節的變動而影響該月的銷售額度。

第 4 條　將過去 3 年間各月銷售比重運用在最後確定的本企業銷售總額中，即可得到每個月的銷售額計畫。如下表所示。

◎部門銷售計畫方案

一、分解企業年銷售計畫

(一)將企業年銷售計畫分解到本部門，並對比本部門上一年的銷售指標完成情況，制定部門年度銷售計畫。

(二)將部門年度銷售計畫分解到每一個人，然後按月進行監控。

(三)制定行銷部門月度個人銷售計畫表，如下表所示。

行銷部門月度個人銷售計畫表

月份 姓名	1	2	3	4	5	6	7	8	9	10	11	12	合計
合計													

二、對行銷人員的月度銷售計畫進行控制

根據行銷人員的計畫制定週工作彙報表，如下表所示。

行銷人員週工作彙報表

填寫日期： 星期： 區域： 填表人：

序號	客戶名稱	訪問時間	接洽者	訪問目的					商談結果			客戶類別		預定再見時間	
1															
2															
3															
4															

本週訪問家教		本週預定訪問家教		本週收款總計		本月收款累計	

三、每月計畫完成情況彙報

行銷人員應對每月計畫的完成情況進行彙報，彙報的內容如下。

(一)本月工作完成情況

1. 銷售量(銷售月報表)

2. 回款

3. 對客戶的拜訪情況

(二)銷售費用

1. 個人差旅費用

2. 招待費用

3. 禮品費用

(三)廣告和促銷活動效果

(四)重點客戶情況

(五)新客戶情況

(六)異常客戶或信譽不佳客戶

(七)待開發客戶及其情況

(八)競爭對手動態

(九)問題與合理化建議

(十)下月工作計畫

月度銷售計畫推算表

月份	3 年前業績（百萬元）	2 年前業績（百萬元）	1 年前業績（百萬元）	前 3 年合計（百萬元）	各月比重（%）
1					
2					
3					
4					
5					
6					
7					
8					
9					
10					
11					
12					
全年合計					

◎行銷計畫管理流程

1. 行銷計畫制定流程圖

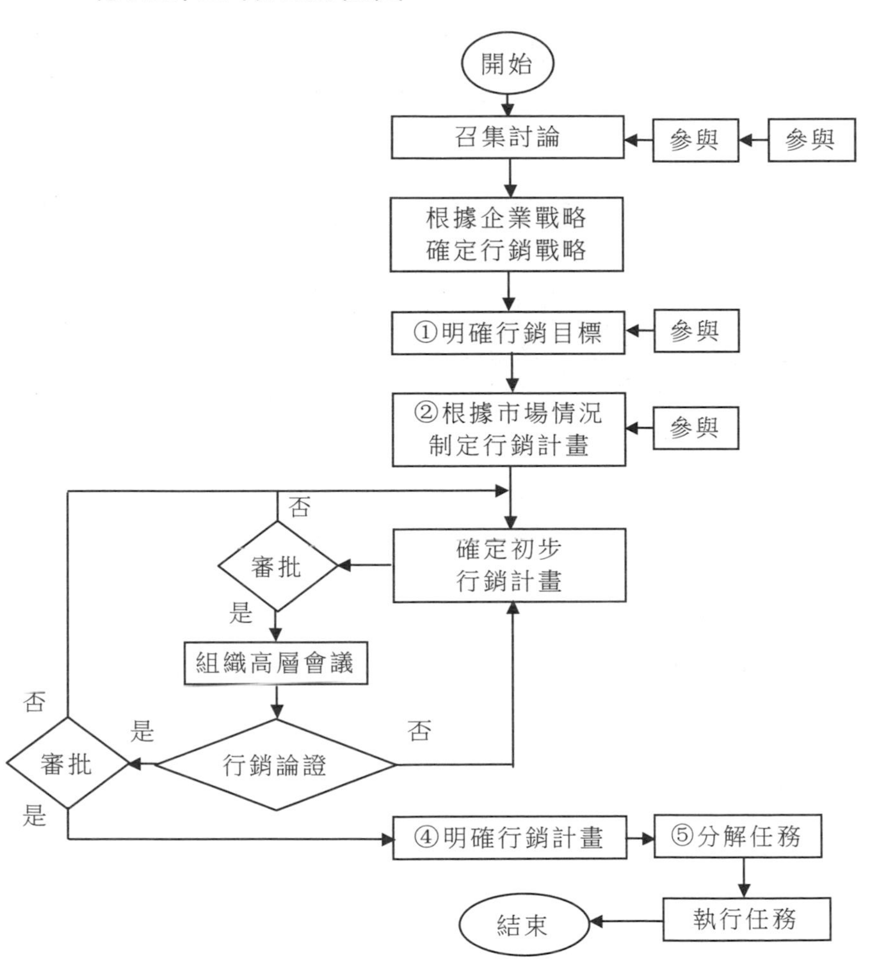

2. 銷售計畫訂單流程圖

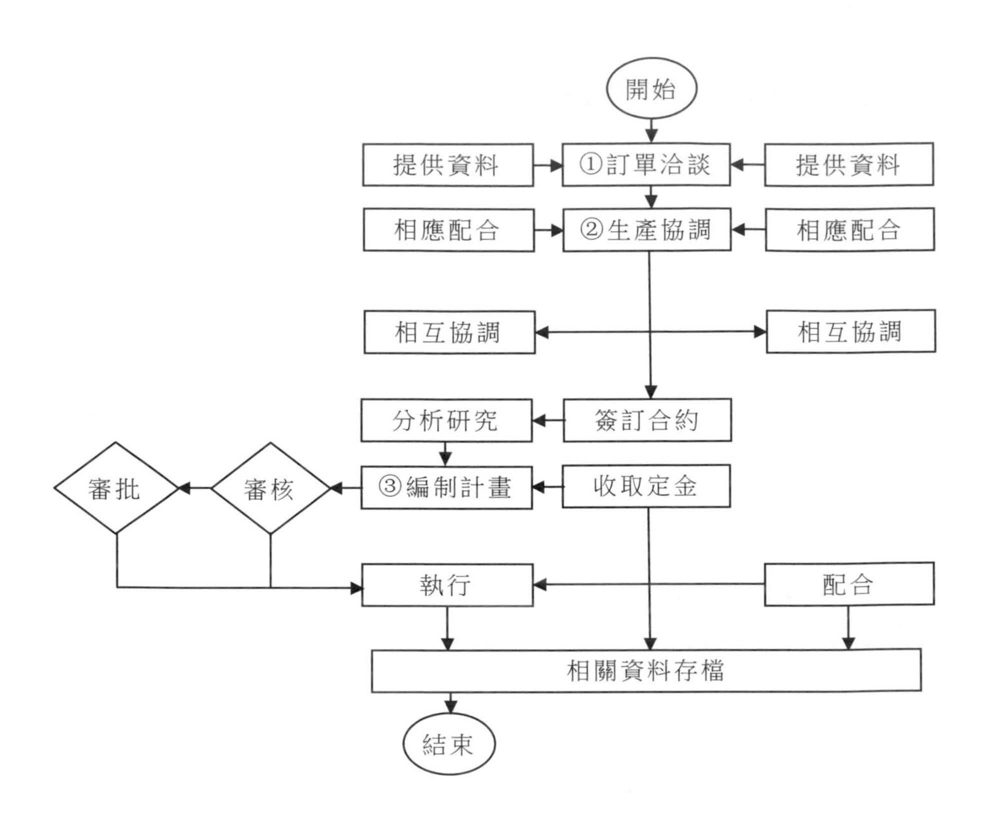
開始
提供資料
①訂單洽談
提供資料
相應配合
②生產協調
相應配合
相互協調
相互協調
分析研究
簽訂合約
審批
審核
③編制計畫
收取定金
執行
配合
相關資料存檔
結束

3.銷售費用編制流程圖

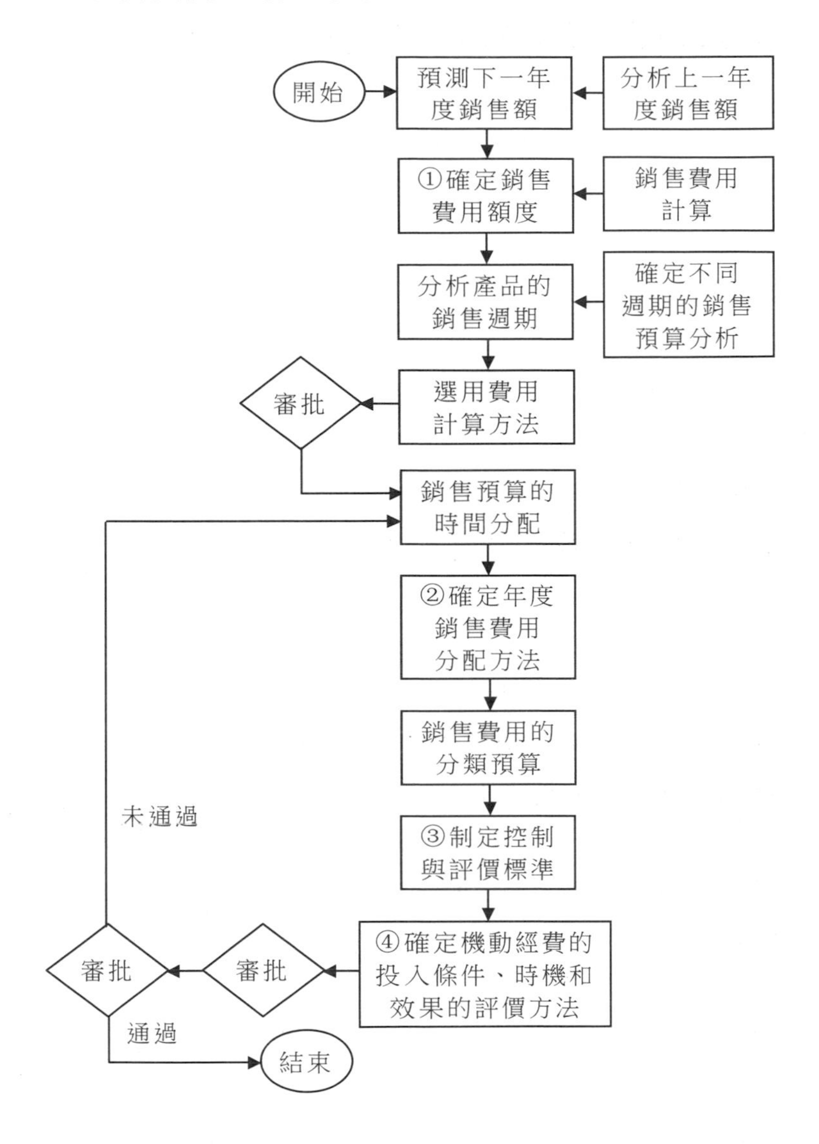
開始
預測下一年度銷售額
分析上一年度銷售額
①確定銷售費用額度
銷售費用計算
分析產品的銷售週期
確定不同週期的銷售預算分析
審批
選用費用計算方法
銷售預算的時間分配
②確定年度銷售費用分配方法
銷售費用的分類預算
未通過
③制定控制與評價標準
審批
審批
④確定機動經費的投入條件、時機和效果的評價方法
通過
結束

◎營銷計畫管理制度（之一）

第一章　基本目標

本公司××年度銷售目標如下：

第一條　銷售額目標

1. 部門全體××萬元以上；
2. 每一員工每月××千元以上；
3. 每一營業部人員每月××萬元以上。

第二條　利益目標

××萬元以上。

第三條　新產品的銷售目標

××萬元以上。

第二章　基本策略

第四條　公司的業務機構應經常變革，使所有人員都能精通業務，有危機意識並能有效地工作。

第五條　公司員工都須全力投入工作，使工作向高效率、高收益、高分配（高薪資）的方向發展。

第六條　為提高運營的效率，公司將大幅下放許可權，使員工能夠自主處理各項事務。

第七條　為達到責任的目標及確立責任體制，公司將實行重賞重罰政策。

第八條　為了規定及規則的完備，公司將加強業務管理。

第九條　××股份有限公司與本公司在交易上訂有書面協定，

彼此應遵守責任與義務，因此本公司應致力達成預算目標。

第十條　為促進零售店的銷售，應建立銷售方式體制，將原有購買者的市場轉移為銷售者的市場，使本公司能享有控制代理店、零售店的權利。

第十一條　將主要目標放在零售店方面，培養、指導其促銷方式，借此進一步刺激需求的增長。

第十二條　設立定期聯誼會，以進一步加強與零售商的聯繫。

第十三條　利用顧客調查卡的管理體制來規範零售店實績、銷售實績、需求預測等的統計管理工作。

第十四條　除沿襲以往對代理店所採取的銷售拓展策略外，再以上述的方法作為強化政策，從兩方面著手致力拓展新的銷售管道。

第十五條　隨著購買者市場轉移為銷售者市場，應制定長期契約來統一交易的條件。

第十六條　檢查與代理商的關係，確立具有一貫性的傳票會計制度。

第十七條　本策略中的計畫應做到具體實效，貫徹至所有相關人員。

第三章　業務部門計畫

第十八條　外部部門

交易機構及制度將維持「公司→代理店→零售商」的原有銷售方式。

第十九條　內部部門

1. 服務店將升級為營業處，藉以促進銷售活動；
2. 營業處增設新的出差處（或服務中心）；

3. 解散食品部門，其所屬人員分配到營業處，致力於擴展銷售活動；

4. 以上各新體制下的業務機構暫時維持現狀，不做變革，借此確立各自的責任體制；

5. 在業務的處理方面若有不妥之處，再酌情進行改善。

第四章　零售商的促銷計畫

第二十條　新產品的銷售方式

1. 將全國有影響力的××家零售商店依照區域劃分，在各劃分區域採用新產品的銷售方式體制；

2. 新產品的銷售方式是指每人負責三十家左右的店鋪，每週或隔週做一次訪問，借訪問的機會督導、獎勵銷售，並進行調查、服務及銷售指導、技術指導等工作，借此促進銷售；

3. 新產品的庫存量應努力維持在零售店為一個月庫存量、代理店為二個月庫存量的界限之上；

4. 銷售負責人的職務內容及處理基準應明確化。

第二十一條　新產品協作機構的設立與工作

1. 為使新產品的銷售方式所推動的促銷活動得以順利展開，另外還要以全國各主力零售店為中心，依地區設立新產品協作次級機構；

2. 新產品協作機構的工作內容如下：

⑴分發、寄送機關雜誌；

⑵贈送本公司產品的銷售人員領帶夾；

⑶安裝各地區協作店的招牌；

⑷分發商標給市內各協作店；

⑸分發廣告宣傳單；

⑹協作商店之間的銷售競爭；

⑺積極支持經銷商；

⑻舉行講習會、研討會；

⑼增設年輕人專櫃；

⑽介紹新產品。

3. 協作機構的存在方式屬於非正式性。

第二十二條　增強零售店員工的責任意識

為加強零售商店員工對本公司產品的關心，增強其銷售意願，應加強下列各項實施要點：

1. 採用獎金激勵法

零售店員工每次售出本公司產品時都令其寄送銷售卡，當銷售卡達到十五張時，即頒發獎金給本人以提高其銷售積極性。

2. 加強人員的輔導工作

⑴負責人員可利用訪問進行教育指導說明，借此提高零售商店店員的銷售技術及加強其對產品的認識；

⑵銷售負責人員可親自接待顧客，對銷售行為進行示範說明，讓零售店的員工從中獲得直接的指導。

3. 提高公司的教育指導

⑴促使協作機構的員工去參加零售店員工的研討會，借此提高其銷售技巧及對產品認識；

⑵通過參加研討會的員工對其他店員傳授銷售技術及產品知識、技術借此提高大家對銷售的積極性。

第五章　擴大消費需求計畫

第二十三條　明確廣告計畫

1. 在新產品銷售方式體制確立之前，暫時先以人員的訪問活動為主，把廣告宣傳活動作為未來規劃活動；

2. 針對廣告媒體，再次進行檢查，務必使廣告計畫達到以最小的費用創造出最大成果的目標；

3. 為達到前述二項目標，應針對廣告、宣傳技術進行充分的研究。

第二十四條　利用購買調查卡

1. 針對購買調查卡的回收方法、調查方法等進行檢查，借此確實掌握顧客的真正購買動機；

2. 利用購買調查卡的調查統計、新產品銷售方式體制及顧客調查卡的管理體制等，切實做好需求的預測。

第六章　營業業績的管理及統計

第二十五條　顧客調查卡的管理

利用各零售店店員所返回的顧客調查卡，將銷售額的實績統計出來，或者根據這些來進行新產品銷售方式體制及其他的管理。

1. 依據營業處、區域分別統計商店的銷售額；

2. 依據營業處分別統計商店以外的銷售額；

3. 另外幾種銷售額統計須以各營業處為單位進行。

第二十六條　根據上述統計，觀察並掌握各店的銷售實績和各負責人員的活動實績，以及各商品種類的銷售實績。

第七章　確立及控制營業預算

第二十七條　必須確立營業預算與經費預算，經費預算須隨營業實績進行上下調節。

第二十八條　預算方面的各種基準、要領等須加以完善以成為範本，本部與各事業部門則應交換契約。

第二十九條　針對各事業部門所做的預算與實際額的統計、比較及分析等確立對策。

第三十條　事業部門的經理應分年、季、月，分別制定部門的營業方針及計畫，並提交給本部修改後定案。

第八章　提高部門經理的能力水準

第三十一條　本部與營業所之間的關係

1. 各營業單位負責人應將營業所視為整體，以經營者的角度來推動其運作和管理；

2. 營業經理須就營業、總務、經營管理、營務、採購、設備等各方面，分年、季、月份提出並製作事業部門的方針及計畫；

3. 營業經理針對年、季及每月的活動內容、實績等規定事項，提出報告。內容除了預算、實績差異、分析之外，還須提出下一個年度、季、月份的對策；

4. 本部與營業所之間的業務管理制度應明確並加以完善，使之成為可依循的典範。

第三十二條　營業所內部

1. 營業經理應根據下列幾點，確立營業所內部日常業務運作的管理方式：

⑴各項賬簿、證據資料是否完備；

⑵各種規則、規定、通告檔資料是否完備；

⑶業務計畫及規定是否完備；

⑷指示、命令制度是否完備；

⑸業務報告制度是否完備；

⑹書面請示制度是否完備：

⑺指導教育是否完備；

⑻巡視、巡迴制度是否完備。

2. 必須在營業所內部貫徹實施此管理制度，以控制預算，促進銷售業績。

第九章　提高主管人員的能力水準

第三十三條　經理人員的教育指導

主管人員應對各事務負責人員進行有關情報收集、討論對策處理等的教育指導。

第三十四條　銷售應對標準的製作

主管人員應依據下列要點製作銷售的應對標準，並利用此標準對各事務負責人員進行培訓。

1. 銷售應對標準 A

各負責人員對零售店主及店員須採用此標準。

2. 銷售應對標準 B

各負責人員或零售商店店員接待顧客須採用此標準。

3. 顧客調查卡的實績統計

根據各地區負責人所收集到的顧客調查卡，進行銷售實績的統計、管理及追蹤。

◎營銷計畫管理制度（之二）

第一章　銷售的商品和銷售點

一、本公司以銷售大眾化商品為主。為了擴大銷售量，應以低價位、高質量為經營宗旨。

二、今後將集中生產價格低廉且質量優良的商品，並以此作為本公司的主要商品。

三、本公司不特別重視單純性的流行商品或技術不成熟的產品，但仍會考慮此部分產品的市場需要。

四、在選擇銷售點時，以大中型規模的銷售店為主要考慮對象。小規模的店面銷售方式，除特殊情況外，一般不予採用。

五、關於前項的銷售點，在做選擇、決定或交易條件的業務處理時，都須慎重決策，這樣才能鞏固本公司的營業基礎。

六、與銷售店開始進行新的交易之前，必須先提出檢查的具體方案，並依照規定進行調查、審議及條件的查核後才能確定是否進行交易。

第二章　受理訂貨、交貨、收款及相應業務

七、讓銷售的相關機構及制度向合理化的方向發展，以提高受理訂貨、交貨及收款等業務的效率。

八、銷售人員在接受訂貨和收款工作時，必須和與此相關的附帶性工作分開，這樣銷售人員才能專心做他的銷售工作。因此，在銷售方面應另訂計畫及設置專科處理該事務。

九、改善處理流程，設法加強與銷售店之間的聯繫及銷售店內

部的聯繫，提高業務的整體管理及相關事務處理的效率，尤其須切實地運用各種表格（傳單、日報）來提高效率。

第三章　對外訂貨和廠商的業務處理

十、進貨總額中的百分之三十用於對××製造公司的訂貨，剩餘部分則用於公司對外的轉包工程。

十一、進貨盡可能集中在某季節，有計劃性地進行訂貨活動。交易合約的訂立除了要設法有利於自己外，也要考慮對方的反饋，使對方有安全感。

十二、進貨時要設立交貨促進制度，並按下列條件來進行處理：對於交貨成績優良的廠商，採取退還傭金方式處理。衡量交貨成績的標準如下：⑴進貨數量；⑵交貨日期及交貨數量；⑶交貨遲緩程度及數量。

十三、為使進貨業務能合理運作，本公司每月召集由各進貨廠商、外包商及相關人員參加的會議，借此進行磋商、聯絡、協議。

第四章　交貨的督促

十四、為督促廠商儘快進貨，負責進貨的人員應每天到各廠商去照會聯絡，並促使對方儘快決定。

十五、在處理對外訂貨事宜時應使用報表，在報表中記入材料名稱、色調、產品樣式、號碼、尺寸、廠商號碼，然後交給廠商（廠商的戶頭也應填入）。

十六、前項報表在發出訂單時應一起附上，還應貼在產品的包裝上，連同產品一起交給零售商或消費者。

第 3 章

行銷部的銷售管理

◎訂貨發貨管理制度

第 1 章　總則

第 1 條　為使本企業的訂貨發貨管理工作規範化，順利開展訂貨發貨工作，特制定本制度。

第 2 章　訂貨管理

第 2 條　訂貨管理應遵循合理的程序

(1)接到客戶發來的訂貨要求。客戶訂貨有以下情況，一是電話訂貨，二是傳真或快遞《訂貨單》。

(2)銷售主管或片區銷售專員填寫《訂貨登記表》和《訂貨統計表》。

(3)銷售主管查閱雙方是否簽有合約。若有，則需審核是否按合約訂貨；若沒有，則需簽訂合約，並報上級統一審批。

(4)查閱雙方的交易記錄和結算記錄。如無貨款結算遺留問題，即可進入生產或發貨程序。

第 3 條 《訂貨單》需交經銷商、行銷部、財務部和生產部各一份。

第 4 條 各分公司要在經理的直接負責下，每月確定一次各品種的訂貨點，當庫存量達到或低於訂貨點時，及時向公司發出要貨訂單。

第 5 條 確定訂貨點時，應參照本分公司上月平均日銷量、去年同月平均日銷量，以及貨物從公司到本分公司的在途時間。

第 6 條 每週(每月)，各分公司經理應會同庫管員和統計員，提出下週(下月)的要貨意向清單，由統計員於每週五下班前傳至企業銷售部。

各分公司的下週(月)要貨意向清單與實際訂貨的符合情況，將作為對辦事處經理考核的參考依據。

第 7 條 為控制庫存、加速回款，公司對各分公司定期核定出一個資金佔用限額指標。各分公司在此限額指標內的訂貨，行銷本部將予以保證；超出該限額指標的訂貨，應經過行銷總監的審批後才予以供貨。

第 8 條 各分公司應保持庫存結構的合理性。為能及時調整庫存結構，各分公司可參照公司關於調換貨的有關規定進行處理。

第 3 章　發貨管理

第 9 條 銷售部填寫一式四聯的《發貨單》，列明購貨單位(人)、位址、產品名稱、數量、單價、金額和制單人，並加蓋銷售專用章，交財務部據此開發票。

第 10 條　購貨方持《發貨單》和發票到財務部交納貨款，憑蓋有財務專用章和收款章的提貨單及發票到庫房提貨。

第 11 條　成品保管員應核對發貨單及發票內容後，發貨並登記台賬。

第 12 條　發貨時，購貨方或經銷商可指定檢驗機構到庫房進行貨物驗收，驗收合格後要求對方在《驗貨單》上簽字。

第 13 條　委託我方代辦托運時，若對方不來驗貨，應在訂貨合約上註明我方不承擔任何責任。

第 14 條　所有貨物在包裝、搬運、出貨過程中都要避免撞擊和掉落。

第 15 條　搬運大件貨物時，需注意人身安全。

第 16 條　用貨車運貨時，須視貨物的輕重進行疊放，應避免貨物被壓損或變形。

第 17 條　如貨物不慎碰撞或掉落，可能會導致品質損壞時，發貨人員需及時檢驗，以確保其品質狀況。

第 18 條　貨物在托運前發貨人員要核對品名、規格、數量是否正確。

第 4 章　附則

第 19 條　本制度報行銷總監審核、總經理審批後，自公佈之日起執行。

第 20 條　本制度參照企業生產、倉儲及運輸等相關部門的管理制度制定，由市場行銷部負責解釋。

◎銷售費用控制細則

第 1 章　總則

第 1 條　為有效控制銷售部門的費用，特制定本細則。

第 2 章　銷售費用及其構成

第 2 條　銷售費用。銷售費用是在銷售過程中發生的、為實現銷售收入而支付的各項費用。

第 3 條　銷售費用的構成

(1)按照發生時間的先後，銷售費用可分為售前費用、售中費用和售後費用

①售前費用包括市場調查費用、公關費用、廣告費用、培訓費用，以及為這些售前活動而支付的人員報酬。

②售中費用包括儲存費用、包裝費用、訂貨會費用、差旅費、銷售專員報酬以及宣傳材料印刷費用等。

③售後費用包括售後資訊處理、維修材料費用、用戶培訓費用等。

(2)根據費用本身的特性，按其與業務的關係，銷售費用又可分為固定銷售費用和變動銷售費用

①固定銷售費用即不隨銷售量而變化的費用，如銷售專員工資、銷售機構固定資產折舊費等

②變動銷售費用是隨銷售量變化而變化的費用，如傭金、運輸費、包裝費等。

(3)按照業務項目，銷售費用還可分為銷售專員報酬、廣告費

用、公關費用、業務費用、售後服務費用、銷售物流費用。這種分類與會計報表相一致，銷售總費用即各業務項目費用之和。其具體構成如下圖所示。

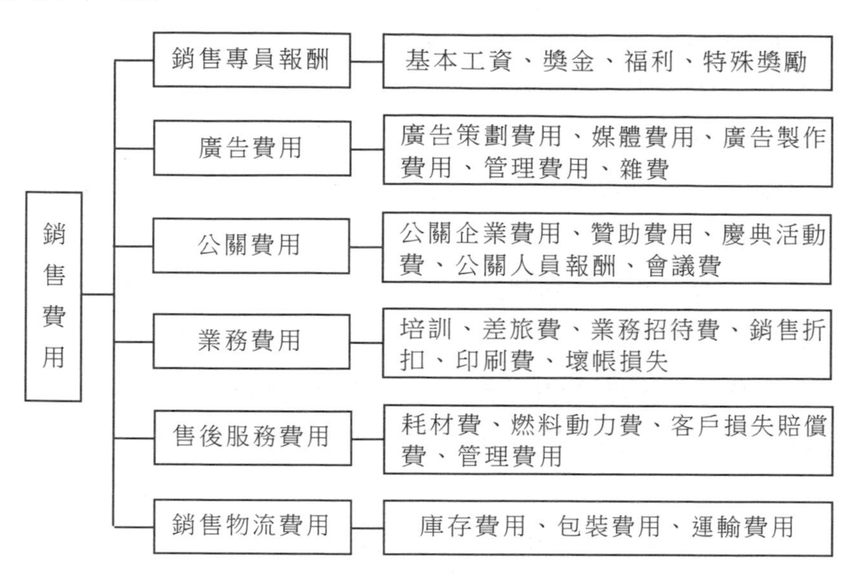

第 3 章　銷售費用控制辦法

第 4 條　每年年末，銷售部應分月編制銷售費用預算，擬定、填寫下一年度的《銷售費用年度預算申請表》，經財務部試算平衡後，報總經理批准後執行。

第 5 條　銷售費用預算可採用兩種編制方法

(1)彈性編制法。

(2)滾動編制法。

第 6 條　每月月末，銷售部管理人員及銷售專員應對本月發生的銷售費用進行分項統計，填寫《銷售費用分析表》，開展偏差分析，及時發現問題，並採取措施。如銷售專員費用過高，可調整訪問路線或降低住宿標準等。

第 7 條　節省銷售費用最有效的方法是提高工作的有效性和針對性

(1)分析市場時，尋找最有希望的市場區域及客戶，有針對性地拜訪。

(2)採用新的行銷方法，如利用電話行銷來降低費用。

(3)瞭解客戶的習慣，如客戶什麼時間開銷售會議、什麼時候與之交往成交機會大等。

(4)提高銷售專員的利潤意識，使成本發生的可控性增強，有利於企業利潤目標的實現。

第 8 條　銷售費用的控制情況將與銷售專員的薪酬掛鈎，銷售費用的控制績效是銷售部所有人員的重要考核指標。

第 4 章　附則

第 9 條　本細則由市場行銷部制定，報總經理審批後，自公佈之日起執行。

◎銷售業績管理制度

第一章　總則

第一條　為加強和改進銷售績效管理，提高總體經營效率，特制訂本制度。

第二條　業績管理工作不是一種單純的數字統計工作，而是對原始資料加以綜合統計和研究。

第三條　業績管理工作不是對個人績效的單純統計工作，而是與部門不可分割的整體性統計工作。

第二章　實績統計

第四條　對銷售人員個人銷售實績須加以統計，其統計項目如下：

1. 固定顧客訂貨數量統計：

⑴推銷訂貨數量統計。指各類銷售人員訪問時所接受訂貨的統計。

⑵電信訂貨數量統計。指對各類銷售人員所轄區域內顧客來電或信件訂貨數量統計。

2. 新客戶訂貨數量統計。指非固定（原有）客戶訂貨統計。

3. 銷貨退回數量統計：

⑴業務問題統計。指對因供貨不及時而退貨等問題進行統計。

⑵品質問題統計。指對因產品不良而退貨的情況進行統計。

⑶誤期問題統計。指對未按客戶指定日期送貨而遭退貨情況的統計。

⑷其他問題統計。指客戶訂貨太多，或因滯銷問題而退貨的情況統計。

4. 銷貨作廢統計。指銷售人員已開具「售貨清單」並登記入統計表，在未送貨前又取消清單的數量統計。

5. 銷貨優惠款額統計。指傭金款額統計。

6. 實銷額統計。指客戶訂貨累計額扣除退貨、折扣、作廢、優待的統計。

第五條　對銷售人員個人銷售收款實績加以統計，其項目如下：

1. 本月應收貨款統計（含本月底為止應收未收款）。

2. 本月實收款額統計（含期票）。

3. 期票利息損益統計。

第六條 凡個人銷貨中退貨屬上月份的訂貨（或送貨），其退回數量，應由本月份（或下月份）該銷售人員銷售實績中扣除，或追回該退回數量的績效獎金。

第七條 對銷售人員個人銷售損益加以統計，即個人銷售毛利統計，其項目如下：

1. 確定各產品的邊際成本。指邊際價格及推銷成本的確定。

2. 銷售費用統計。指薪水、津貼、機車保險、油料、旅費等費用統計。

3. 其他費用統計。指對交際、贈送等費用進行統計。

第八條 對銷售人員個人銷售淨利潤，即銷售毛利扣除期票的損益加以統計。

第九條 本公司銷售實績分月份及年度兩類加以統計，其統計項目如下：

1. 實際銷售總額統計。

2. 銷售總額統計。

3. 各區域、各種類銷售額統計。

第三章 實績統計表

第十條 各部門對銷售人員工作實績加以統計後，應將績效列成圖表，以供經營者瞭解經營狀況之用。

第十一條 銷售人員工作績效統計圖表種類規定如下：

1. 業務統計表

①經銷商業績統計比較表

②個人業績統計比較表

2. 每月業績累計比較表

①經銷商業績累計比較表

②個人每月業績統計比較表

第十二條　各部門應以銷售淨額統計為主，銷售增長率應列出圖表，其中包括：

1. 各業種銷售總額增長一覽表

2. 銷售總額增長一覽表

3. 產品銷售額增長一覽表

第四章　績效評價

第十三條　公司須對營業部門確定銷售目標。

第十四條　營業部門同時須對銷售人員確定個人月標準銷售額加以規定。

第十五條　銷售目標完成率計算規定（如下表）。

銷售目標完成率計算表

組別	標準銷售額	實際銷售額	完成率	銷售人員姓名	個人標準銷售額	實際銷售額	完成率

第十六條　銷售收款增長統計規定（如下表）。

銷售收款增長統計表

組別	本月實收款	本月底應收款總　額	收款率	銷售人員姓名	本月實收款	本月底應收款總　額	收款率
			%				%
							%
			%				%
							%
			%				%
							%

第十七條　收款票據損益的增長以發貨起六十天為計算期，其統計規定（如下表）。

收款票據損益增長統計表

組別	期票利息損益	本月實收數	損益率		銷售人員姓名	期票利息損益		本月實收款	損益率	
組			+	%		+			+	%
						+			−	%
			+	%		+			+	%
						+			−	%
組			+	%		+			+	%
						+			−	%
			+	%		+			+	%
						+			−	%

第十八條　銷售利潤增長統計規定（如下表）。

銷售利潤增長統計表

組別	本月淨利潤	實際銷售額	利潤率	銷售人員姓名	本月淨利潤	實際銷售額	利潤率
			%				%
							%
			%				%
							%
			%				%
							%
			%				%
							%
			%				%
							%

第十九條　績效指標構成規定（如下表）。

績效指標構成表

序號	項目	百分比	序號	項目	百分比
1	成本率	40	4	損益率	10
2	利潤率	20	5	執行率	5
3	收款率	25	6		

第二十條　核算績效等級名次後，應列表公佈前三名，以鼓勵成績優秀的銷售人員（如下表所示）。

業績公佈表

組別	績效	名次	銷售人員姓名	績效	名次	備註

第二十一條　制度執行率統計規定（如下表）。

制度執行率統計表

姓名	對業務管理辦法執行率	對客戶管理辦法執行率	合計	組別	合計	備註

第五章　績效獎金

第二十二條　為獎勵業績優秀人員，體現激勵機制，提高公司的銷售績效，配合各種制度之實施，應對績效優秀人員頒發獎金以資鼓勵。

第二十三條　獎金發放，除依本公司獎懲管理辦法規定外，悉依本制度辦理。

第二十四條　績效優秀人員獎金發放的規定如下：

1. 成績績效獎金

成績績效資金表

成績 / 獎額 / 分類	60分以上 70分以下	70—80	80—90	90—100	100分 以下
組別獎					
個人獎					

2. 名次績效獎金

(1)月度名次獎金

(2)年度名次獎金

名次績效獎金表

名次	組別	獎額	名次	業務員姓名	獎額

第二十五條　獎金發放規定如下：

1. 月度（分成績及名次）獎金於次月發薪時併發。

2. 年度獎金於年度結算後發放。

第六章　實績統計表

第二十六條　營業部門應定期填制統計表，呈報主管作為參考，其種類如下：

1. 月度組別銷售實績統計表
2. 月度銷售實績統計表
3. 年度業務績效及費用考核表

年度業務績效及費用考核表

						備註
月	銷售總計					
	折舊、退回、作廢					
	銷售實額					
	個人費用及分攤額					
	銷售淨利潤					
月	銷售總計					
	折扣、退回、作廢					
	銷售實額					
	個人費用及分攤額					
	銷售淨利潤					
月	銷售總計					
	折扣、退回、作廢					
	銷售實額					
	個人費用及分攤額					
	銷售淨利潤					

4. 產品構成分析表

產品構成分析表

銷售名次	期			期		
	品名	數量構成比%	銷售額構成比%	品名	數量構成比%	銷售額構成比%
1						
2						
3						
4						
5						
6						
7						
8						
9						
10						
	合計	100%	100%	合計	100%	100%

◎銷售業績管理制度

第1章　總則

第1條　為加強和改進銷售績效管理，提高企業總體經營效益，特制定本制度。

第2條　業績管理不是一種單純的數字統計工作，而是對原始資料加以綜合統計和研究。

第3條　業績管理工作不是對個人單純的績效統計工作，而是與其他團體不可分的整體性統計工作。

第 2 章 銷售業績統計

第 4 條 銷售專員個人銷售業績的統計項目

(1)固定客戶訂貨數量統計

①推銷訂貨數量統計，各類銷售專員訪問時所接受的訂貨統計。

②信件、電話訂貨數量統計，對各類銷售專員所轄區域內客戶來信或來電訂貨數量的統計。

(2)開拓新客戶訂貨數統計，即非固定(原有)客戶訂貨統計。

(3)銷貨退回數量統計

①業務問題統計，指對因供貨不及時無法按時退送貨而退貨的統計。

②品質問題統計，指對因產品品質不良而退貨的統計。

③誤期問題統計，指對未按客戶指定日期送貨而遭退貨的統計。

④其他問題統計，指銷售專員訂貨太多，或因滯銷問題而退貨的統計。

(4)銷售作廢統計，指銷售專員開具《售貨清單》已錄入統計表，在未送貨前又取消清單數量的統計。

(5)銷售優惠款額統計，指傭金款額統計。

(6)實銷額統計，即客戶訂貨累計額扣除退貨、折扣、作廢和優待的統計。

第 5 條 凡個人銷貨中退貨為上月份之訂貨(或送貨)、折扣、作廢和優待的統計。下月份從該銷售專員銷售業績中扣除，或追回該退回數量績效獎金。

(1)對銷售專員個人銷售損益加以統計，即個人銷售毛利統計，其項目如下所列

①確定各產品的邊際成本，即邊際價格及推銷成本。

②銷售費用統計，即薪水、津貼、車輛保險、油費和旅費等費用的統計。

③其他費用統計，即對交際、贈送和其他等費用的統計，運費也應列入。

(2)對銷售專員個人銷售收款業績加以統計，其項目如下所列

①本月應收貨款統計(含本月底止應收未收款)。

②本月實收款額統計(含期票)。

③期票利息損益統計。

(3)對銷售專員個人銷售淨利潤，即銷售毛利扣除期票損益加以統計。

(4)本企業銷售業績分月份及年度兩類加以統計，其統計項目如下。

①實際銷售總額統計。

②銷售退貨總額統計。

③各區域、各種類銷售額統計。

第3章　銷售業績統計圖表

第6條　銷售部對銷售專員工作業績加以統計後，對績效應製成圖表，以幫助經營者瞭解經營狀況。

第7條　銷售專員工作績效統計圖表種類規定

(1)業務統計表：個人業績統計比較表、經銷商業績統計比較表。

(2)每月業績累計比較表：銷售專員每月業績統計比較表、經銷商業績比較表。

第8條　銷售部應以銷售淨額統計為主，銷售成長率應制成圖表，其中包括《銷售總額增長一覽表》、《產品銷售額增長一覽表》

和《各業種銷售總額增長一覽表》。

第 4 章　績效評價

第 9 條　企業為銷售部確定銷售目標。

第 10 條　銷售部同時對銷售專員規定個人月標準銷售額。

第 11 條　規定銷售目標完成率計算。

第 12 條　規定銷售利潤增長統計。

第 13 條　規定銷售收款增長統計。

第 14 條　收款票據損益增長，從發貨起 60 天為計算期。

第 15 條　規定制度執行率統計。

第 16 條　本企業規定績效指標構成。

第 17 條　計算績效等級後，應列表公佈前三名，以鼓勵成績優秀的銷售專員。

第 5 章　績效獎金

第 18 條　為獎勵業績優秀人員，提高銷售專員的士氣，提高企業的銷售績效，對績效優秀人員酌情發放獎金以資鼓勵。

第 19 條　獎金發放，除依本企業獎懲管理辦法規定外，悉依本制度辦理。

第 20 條　績效優秀人員獎金發放，規定如下：成績績效獎金、「名次」績效獎金、月度名次獎金、年度名次獎金。

第 21 條　獎金發放規定如下：月度(分成績及名次)獎金於次月發薪時發放，年度獎金於年度結算後發放。

第 22 條　前面所述的年度獎金與年終獎金無關。

第6章 各類統計表

第23條 銷售部應定期填寫各類統計表，呈報主管部門作為經營參考，包括《月度個人銷售實績統計表》、《月度組別銷售實績統計表》、《年度業務績效及費用考核表》、《銷售額季節變動指數計算表》、產品構成分析表》和《銷售費用分析表》。

◎銷售考核管理制度

第1章 總則

第1條 目的。為科學、公正地評估本企業銷售專員的銷售業績及其貢獻，特制定本制度。

第2條 適用範圍。本制度適用於本企業所有銷售專員。

第2章 考核目的

第3條 銷售績效考核可使銷售專員的薪資調整、績效工資發放和職務調整有理有據。

第4條 有效增加員工之間的合作精神，對員工的工作進行客觀瞭解和公正評價。

第5條 對員工開展有針對性的培訓，幫助員工改進工作方式，提高工作績效。

第3章 考核原則

第6條 客觀、公平原則

(1)客觀：以績效資訊收集的事實為依據，用數據說話。

(2)公平：所有銷售專員的 KPI(關鍵業績指標)一致性，修正考核主體的多元性。

第 7 條　定期化、制度化原則：為考核創造一個穩定、連續的環境。

第 8 條　可操作性及定性與定量相結合的原則

(1)可操作性：設置的 KPI 指標必須是可操作的。

(2)定性與定量相結合：在定性的基礎上最大可能地追求量化。

第 4 章　考核分類

第 9 條　月度考核。對員工當月的工作表現進行考核。每月 25 日制定下一個月的考核指標，下月 1～5 日對員工在本月的工作進行綜合評價，遇節假日順延。

第 10 條　年終考核：考核期限為當年 1～12 月。每年的 12 月份制定一下年度的績效考核指標；考核時間為下一年度的 1 月 5 日至 15 日。

第 5 章　考核者與被考核者

第 11 條　銷售部對銷售專員進行考核，人力資源部相關人員予以配合，考核結果上報總經理審批後生效。

第 12 條　被考核者為各類銷售專員。

第 6 章　考核內容及指標

第 13 條　對銷售專員的考核，主要包括工作績效、工作能力、工作態度三部分，其權重設置分別為：工作績效 70%，工作能力 20%，工作態度 10%。其具體評價標準如下表所示。

銷售績效考核表

<table>
<tr><th colspan="2">考核項目</th><th>考核指標</th><th>權重</th><th>評價標準</th><th>評分</th></tr>
<tr><td rowspan="8">工作業績</td><td rowspan="4">定量指標</td><td>銷售額完成率</td><td>35%</td><td>實際完成銷售額÷計畫完成銷售額×100%
考核標準為 100%，每每低於 5%，扣除該項 1 分</td><td></td></tr>
<tr><td>銷售增長率</td><td>10%</td><td>與上一月度或年度的銷售業績相比，每增加 1%，加 1 分，出現負增長不扣分</td><td></td></tr>
<tr><td>銷售回款率</td><td>20%</td><td>超過規定標準以上，以 5%為一檔，每超過一檔，加 1 分，低於規定標準的，為 0 分</td><td></td></tr>
<tr><td>新客戶開發</td><td>15%</td><td>每新增一個新客戶，加 2 分</td><td></td></tr>
<tr><td rowspan="4">定性指標</td><td>市場訊息的收集</td><td>5%</td><td>1. 在規定的時間內完成市場訊息的收集，否則為 0 分
2. 每月收集的有效資訊不得低於×條，每少一條扣 1 分</td><td></td></tr>
<tr><td>報告提交</td><td>5%</td><td>1. 在規定的時間之內將相關報告交到指定處，未按規定時間交報告者，為 0 分
2. 報告的品質評分為 4 分，為達到此標準者，為 0 分</td><td></td></tr>
<tr><td>銷售制度執行</td><td>5%</td><td>每違規一次，該項扣 1 分</td><td></td></tr>
<tr><td>團隊協作</td><td>5%</td><td>因個人原因而影響整個團隊工作的情況出現一次。扣除該項 5 分</td><td></td></tr>
</table>

續表

考核項目	考核指標	權重	評價標準	評分
工作能力	專業知識	5%	1 分：瞭解企業產品基本知識 2 分：熟悉本行業及本企業的產品 3 分：熟練掌握本崗位所具備的專業知識，但對其他相關知識瞭解不多 4 分：掌握熟練業務知識及其他相關知識	
	分析判斷能力	5%	1 分：較弱，不能及時做出正確的分析與判斷 2 分：一般，能對問題進行簡單的分析和判斷 3 分：較強，能對複雜的問題進行分析和判斷，但不能靈活 運用到實際工作中來 4 分：強，能迅速對客觀環境做出較為正確的判斷，並能靈 活運用到實際工作中並取得較好的銷售業績	
	溝通能力	5%	1 分：能較清晰表達自己的想法 2 分：有一定的說服能力 3 分：能有效化解矛盾 4 分：能靈活運用多種談話技巧和他人進行溝通	
	靈活應變能力	5%	應對客觀環境的變化，能靈活採取相應的措施	
工作態度	員工出勤率	2%	1. 月度員工出勤率達到 100%，得滿分，遲到一次，扣 1 分(3 次及以內) 2. 月度累計遲到三次以上者，該項得分為 0	
	日常行為規範	2%	違反一次，扣 2 分	
	責任感	3%	0 分：工作馬虎，不能保質保量地完成工作任務且工作態度極不認真 1 分：自覺地完成工作任務，但對工作中的失誤，有時推卸責任 2 分：自覺地完成工作任務且對自己的行為負責 3 分：除了做好自己的本職工作外，還主動承擔企業內部額外的工作	
	服務意識	3%	出現一次客戶投訴，扣 3 分	

第7章　考核實施程序

第14條　根據員工實際工作表現，銷售部經理組織相關人員對銷售專員對照《銷售專員績效考核表》進行評估，並將結果匯總上交人力資源部。

第15條　人力資源部將考核結果於考核結束後的3天內報考核評議小組審批。

第16條　人力資源部於審批結束後的5個工作日內將考核結果回饋被考核者，進行績效面談。

第8章　考核結果運用

第17條　銷售專員的考核得分將作為「每月薪資的獎金」、「年終獎金」、「調職」的依據。

第18條　年度考核結果與年終獎金的關聯如下表所示。

年度考核結果與年終獎金的關聯表

年度考核得分	年終獎金
90分及以上	底薪×2.5
80分及以上	底薪×2
70分及以上	底薪×1.5
70分以下	底薪×1

◎銷售管理流程

1. 客戶開發管理流程圖

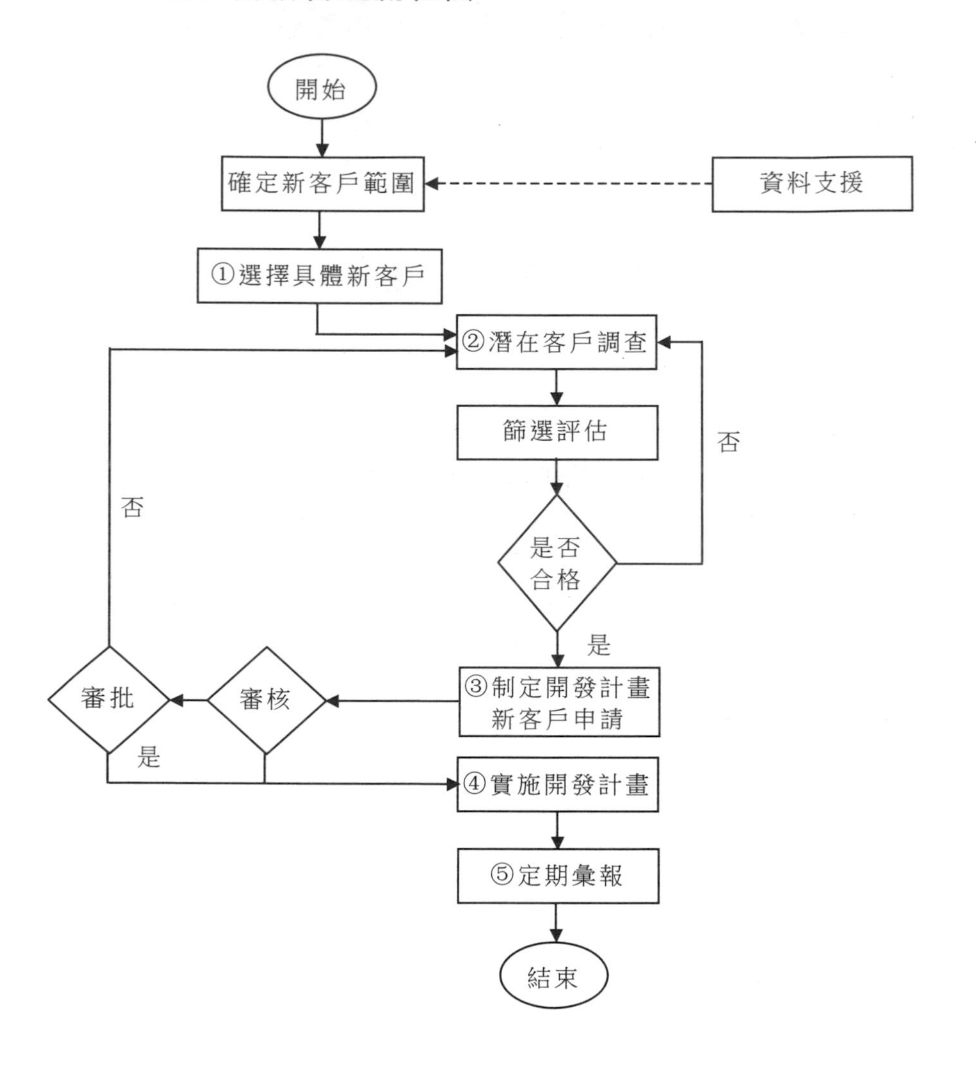

2.客戶信用調查流程圖

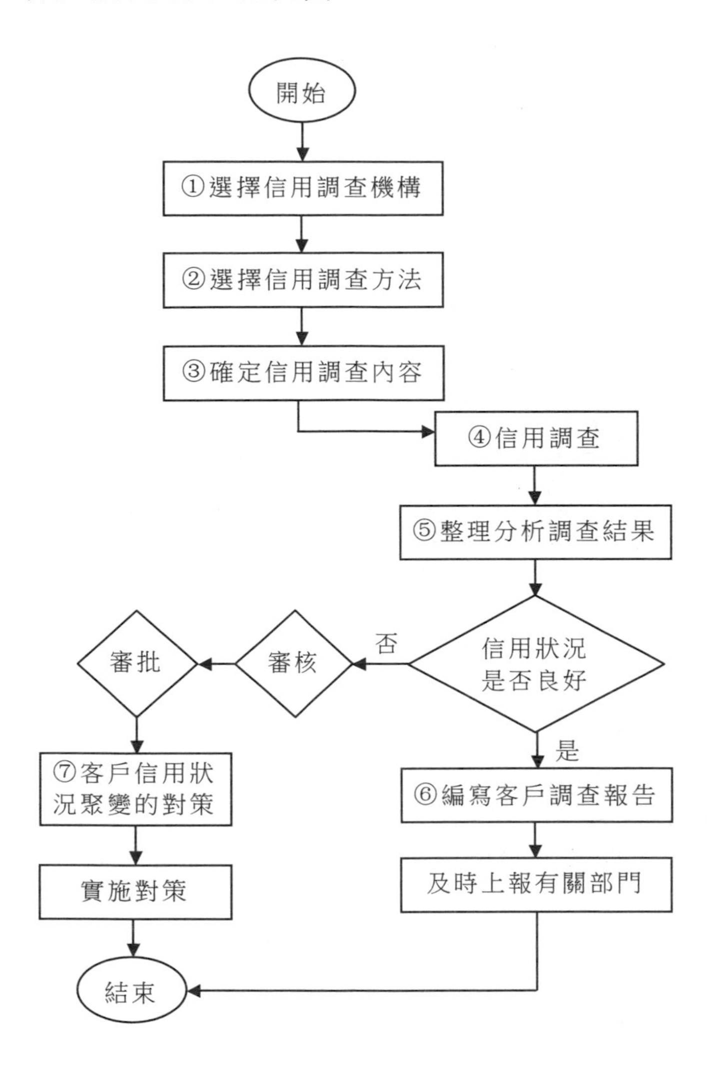
開始
①選擇信用調查機構
②選擇信用調查方法
③確定信用調查內容
④信用調查
⑤整理分析調查結果
信用狀況
是否良好
否
審核
審批
⑦客戶信用狀
況聚變的對策
實施對策
是
⑥編寫客戶調查報告
及時上報有關部門
結束

3.客戶訪問管理流程圖

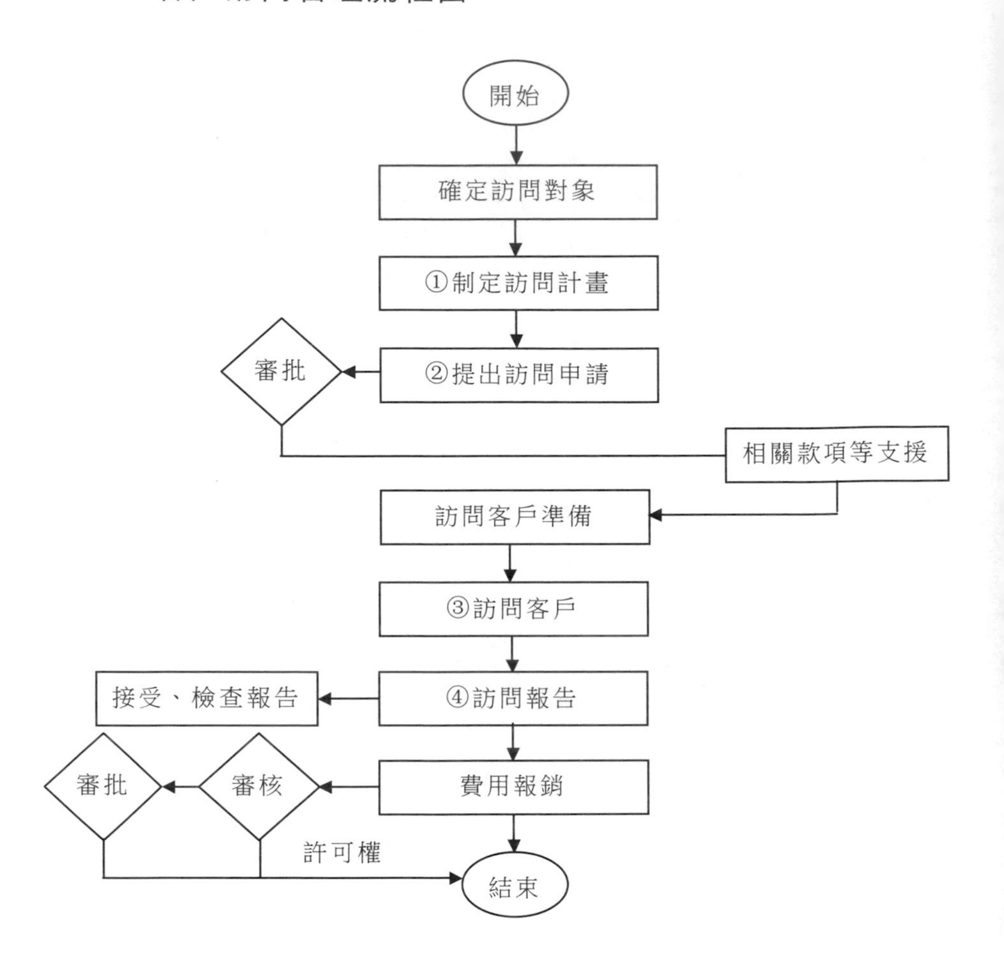
開始
確定訪問對象
①制定訪問計畫
審批
②提出訪問申請
相關款項等支援
訪問客戶準備
③訪問客戶
接受、檢查報告
④訪問報告
審批
審核
費用報銷
許可權
結束

4.客戶招待管理流程圖

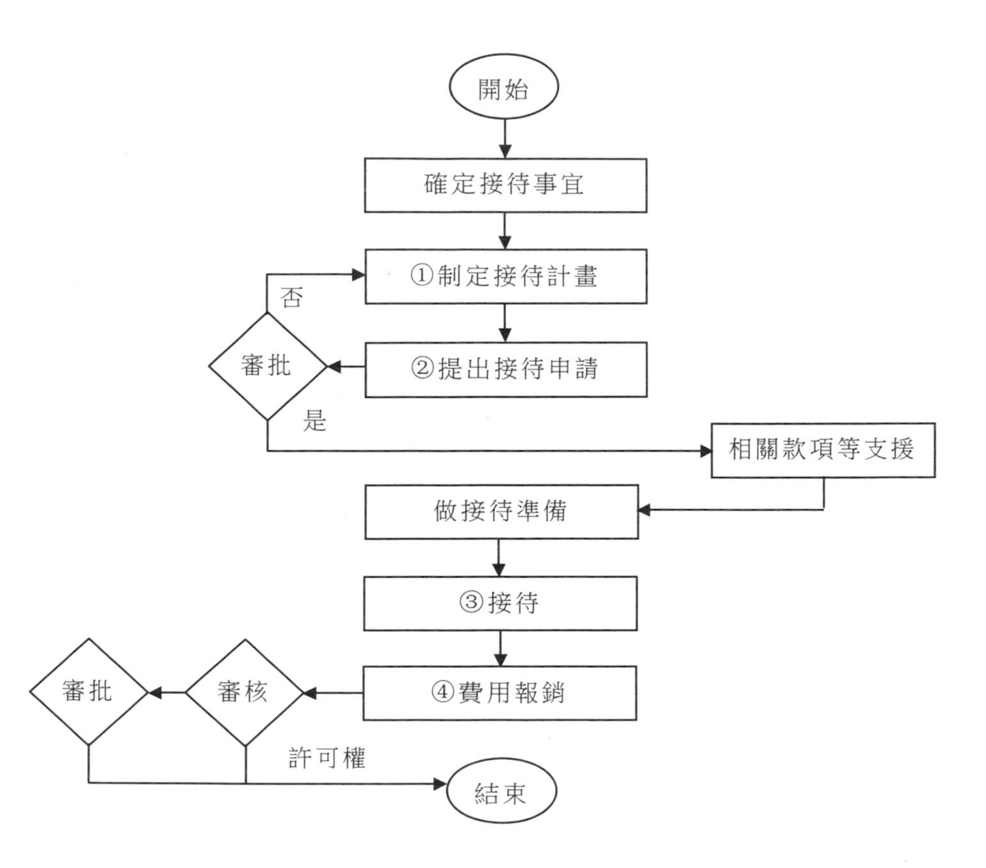
開始
確定接待事宜
①制定接待計畫
否
審批
②提出接待申請
是
相關款項等支援
做接待準備
③接待
審批
審核
④費用報銷
許可權
結束

5. 訂貨管理流程圖

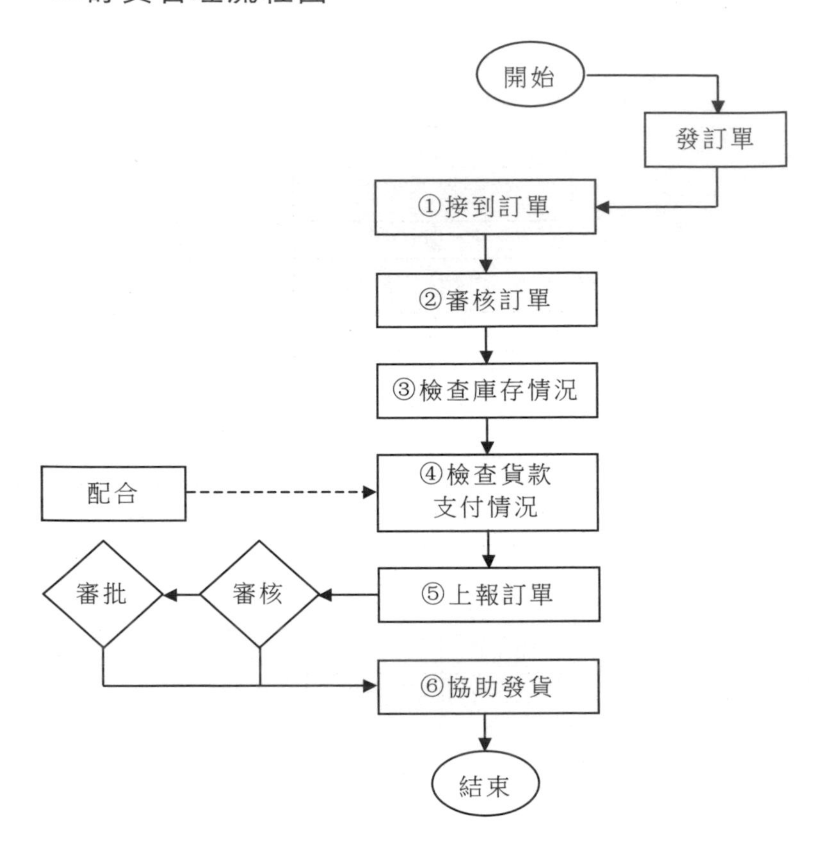

6.發貨管理流程圖

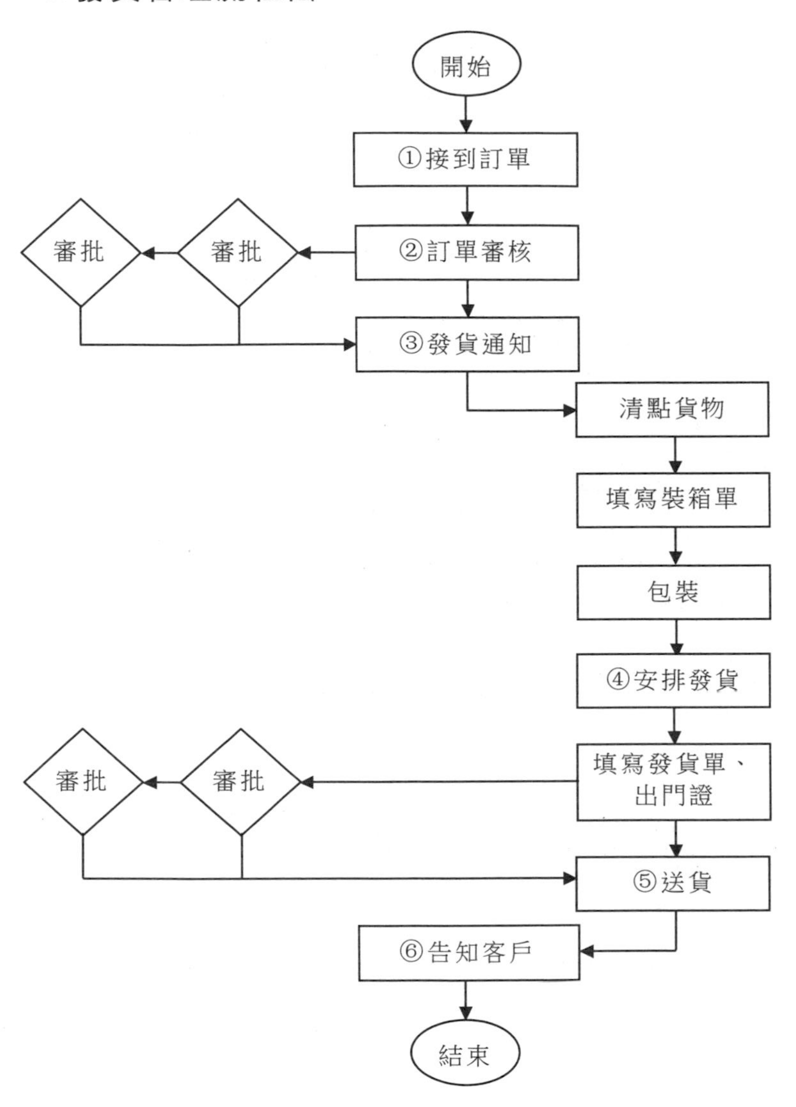

開始
①接到訂單
②訂單審核
審批
審批
③發貨通知
清點貨物
填寫裝箱單
包裝
④安排發貨
填寫發貨單、出門證
審批
審批
⑤送貨
⑥告知客戶
結束

7.退貨管理流程圖

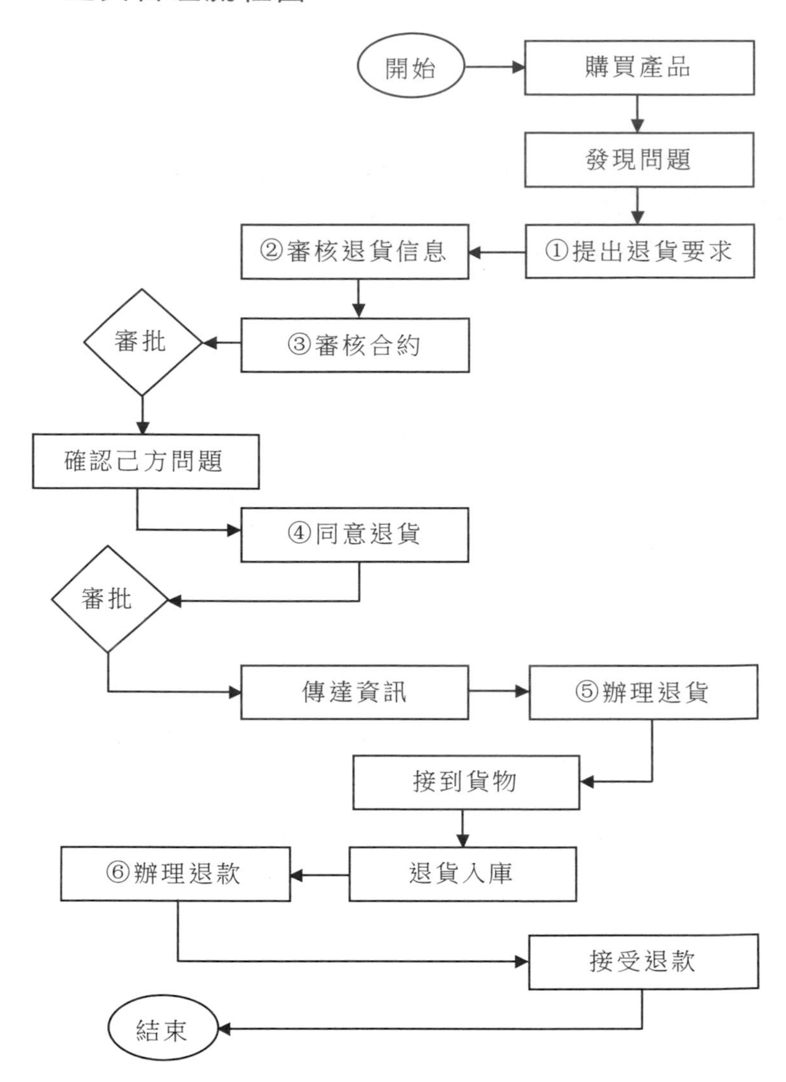
開始
購買產品
發現問題
①提出退貨要求
②審核退貨信息
③審核合約
審批
確認己方問題
④同意退貨
審批
傳達資訊
⑤辦理退貨
接到貨物
退貨入庫
⑥辦理退款
接受退款
結束

8.銷售回款管理流程圖

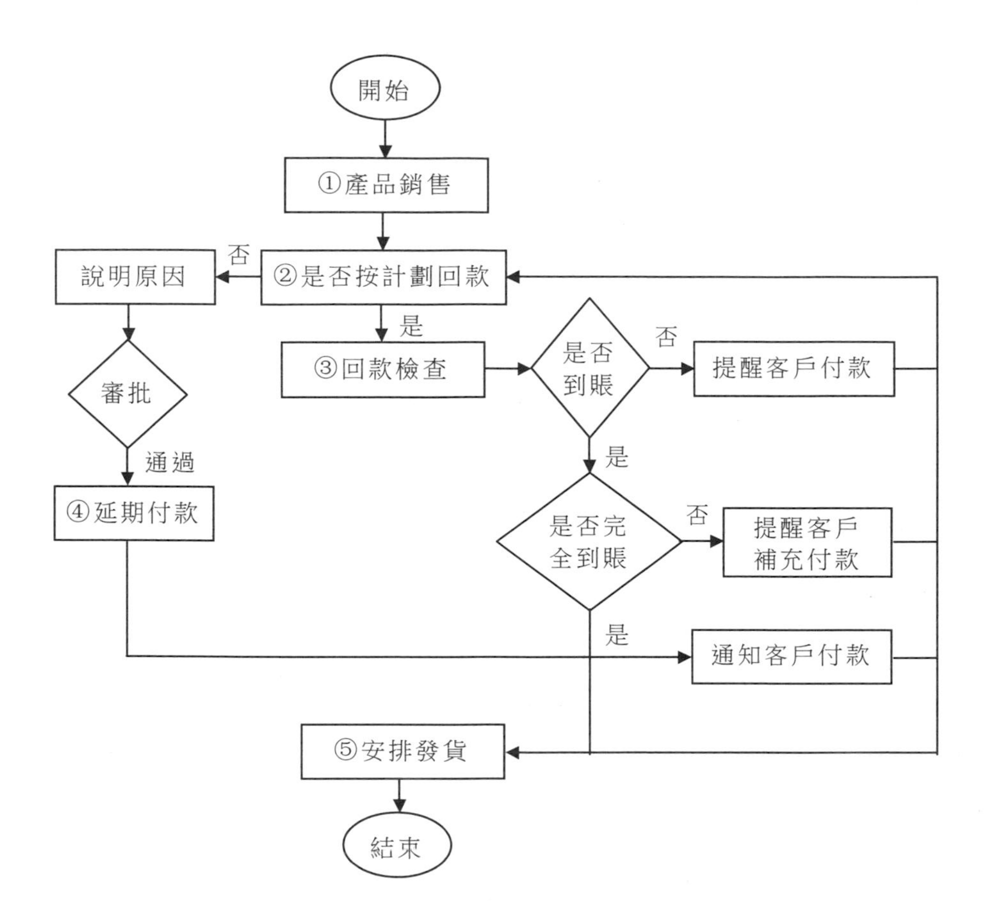
開始
①產品銷售
②是否按計劃回款
否
說明原因
審批
通過
④延期付款
是
③回款檢查
是否到賬
否
提醒客戶付款
是
是否完全到賬
否
提醒客戶補充付款
是
通知客戶付款
⑤安排發貨
結束

9. 延期付款管理流程圖

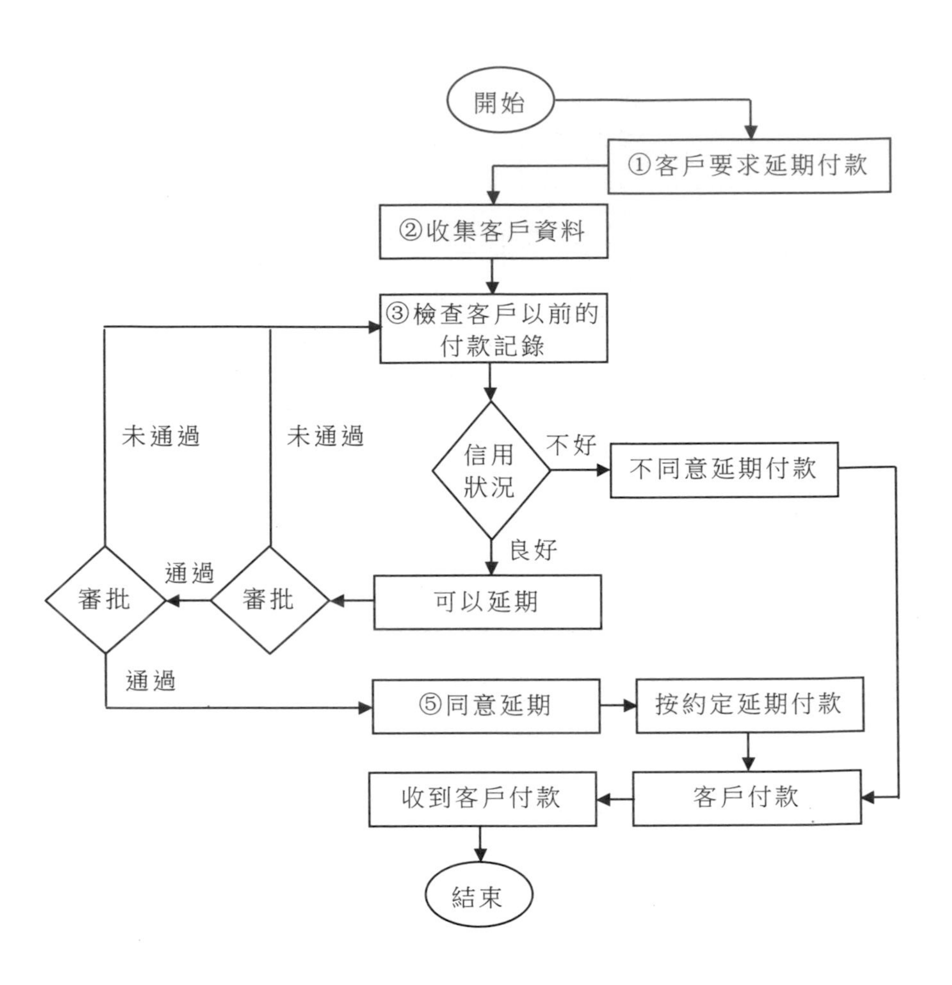

開始
①客戶要求延期付款
②收集客戶資料
③檢查客戶以前的付款記錄
信用狀況
不好
不同意延期付款
良好
可以延期
審批
審批
未通過
未通過
通過
通過
⑤同意延期
按約定延期付款
收到客戶付款
客戶付款
結束

10.逾期付款管理流程圖

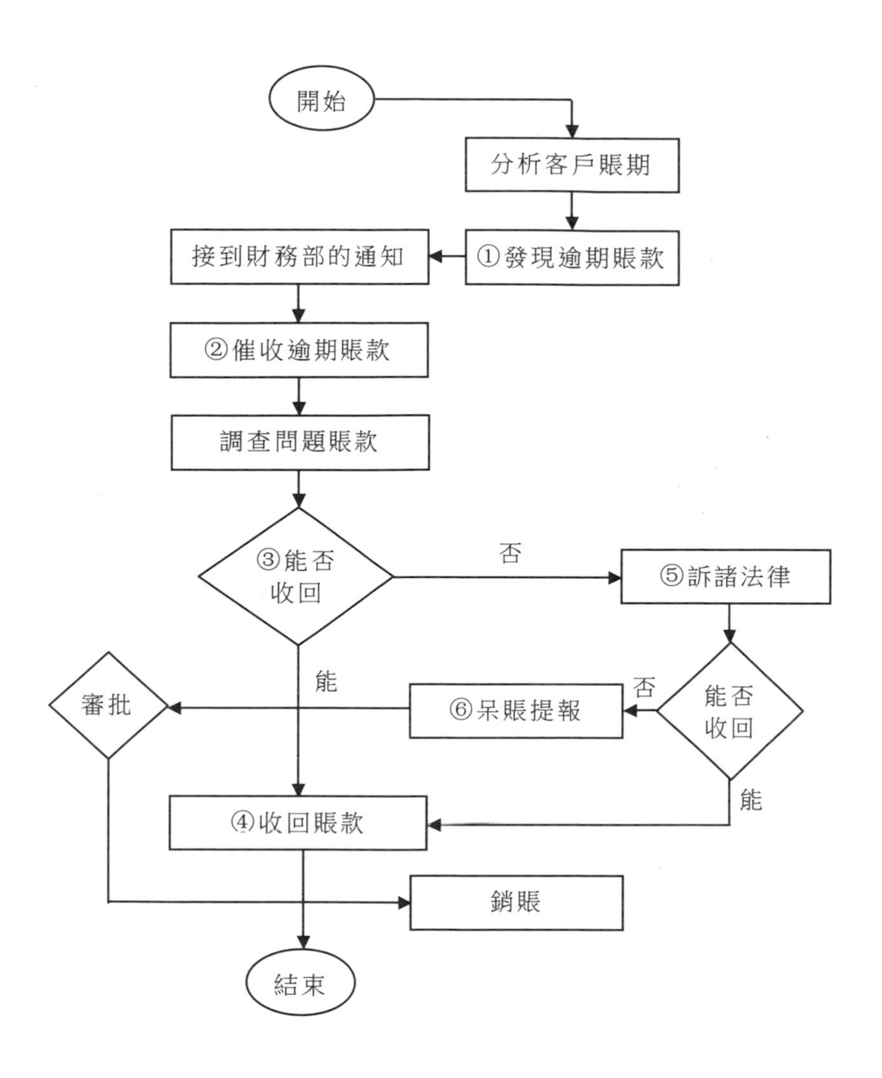

11.銷售費用管理流程圖

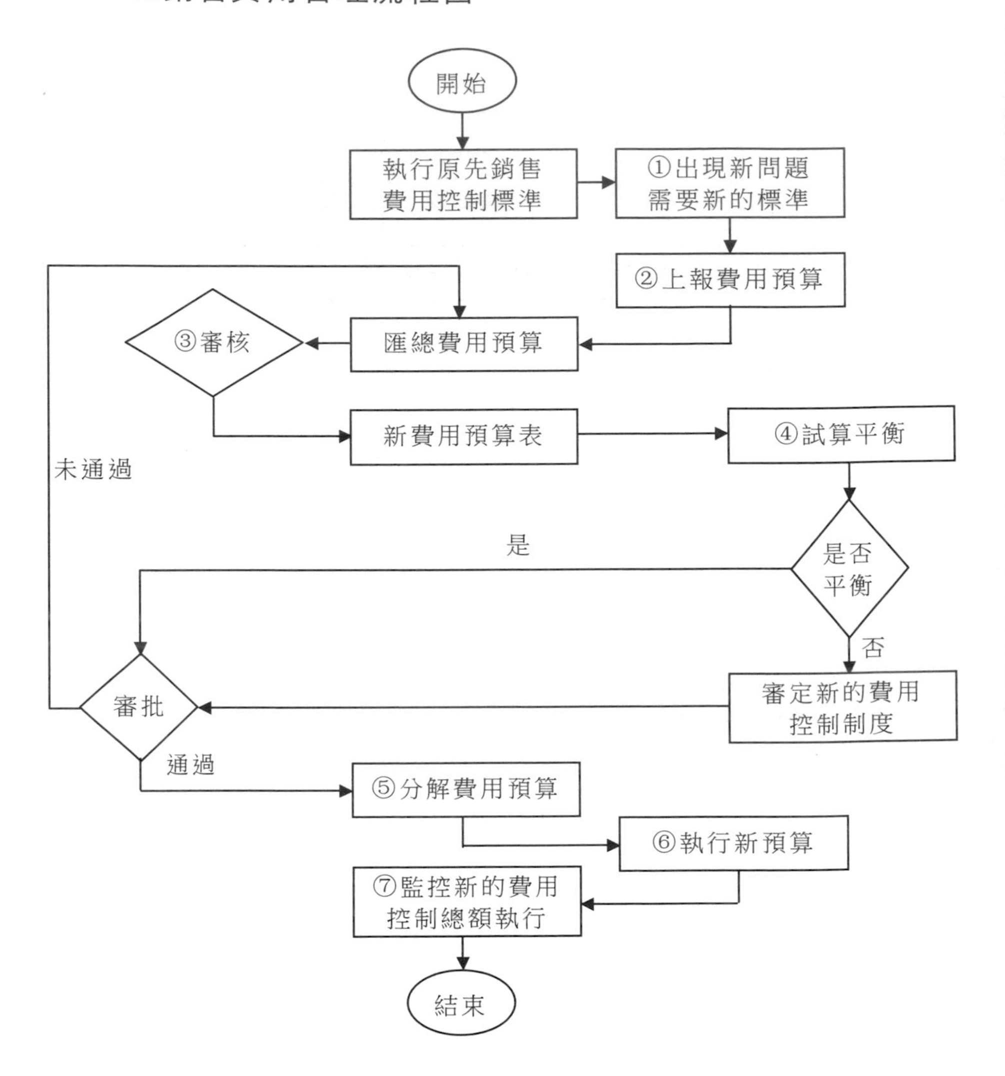

12. 銷售提成管理流程圖

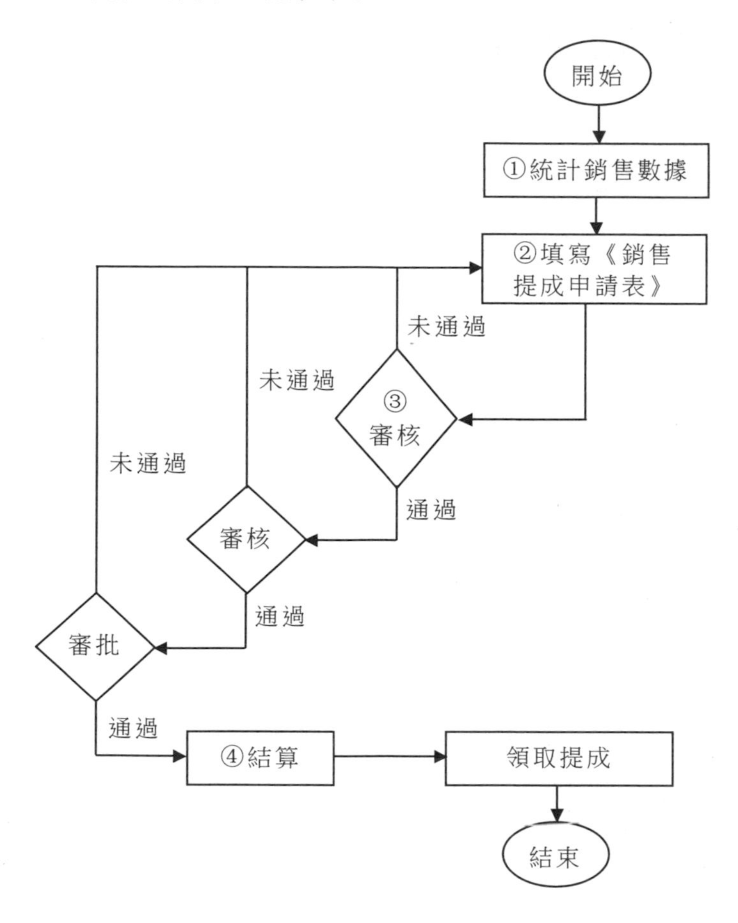

◎客戶信用評級方案

一、目的

客戶信用評級的目的在於準確評估客戶的信用程度，以便進一步瞭解客戶，保證貨款及時回籠。

二、信用評級原則

客戶信用評級應堅持公開、公平、公正和統一、真實的原則。

三、評級的基本要素

1. 客戶基本情況。
2. 客戶管理水準。
3. 客戶信用記錄。
4. 客戶經營狀況。
5. 現金流量。

四、設置因素權重

「基本情況」、「管理水準」、「信用記錄」、「經營狀況」、「現金流量」五項基本要素，在評級總分中所佔的權重分別為 5%、25%、60%、5%、5%。

五、信用評級內容

客戶信用可從企業現狀、管理人員以及企業員工三方面進行評級。

(一)企業現狀

1. 業界動向

包括企業所處的國際環境、國內環境、金融環境、行業動向、行業前景等。

2. 市場狀況

包括企業的銷售收入、銷售利潤、邊際利潤、銷售戰略實施情況，對產品研發、技術開發的投入及庫存管理、交貨措施的安全性。

3. 經營素質

包括企業的經營規模、經營方式、來往業務、資金實力、行業中的地位、住來銀行的信用度和資金關係。

4. 財務狀況

包括企業的平均利潤、企業的資產狀況、貸款構成、債權狀況、現金流量。

(二)管理人員

1. 素質

包括管理人員的品格、領導能力、健康狀況、年齡和管理能力。

2. 個人條件

包括管理人員的家庭是否美滿，是否有很多興趣、嗜好，是否有不良記錄等。

3. 聲譽

包括管理人員在商場上的聲譽、受員工敬愛的程度、社會關係，是否與特別的團體有關聯。

4. 經營能力

包括管理人員的經營方式、經營業績、領導才能、培養人才的能力、客戶或往來銀行的評語。

(三)企業員工

1. 員工士氣

1)員工的士氣很高昂，全員有幹勁。

2)員工中有很多誠實、親切的人。

3)很多員工都有謙虛的品性，員工之間很和睦。

2. 上進心

(1)企業經常教育、訓練員工。

(2)貫徹企業產品的知識。

(3)熱心於產品開發，熱心於設備革新，熱心於技術革新。

3. 員工福利

是否按時足額為員工繳納醫療、失業、養老、工傷保險金，是否及時足額發放員工工資、加班費和勞動保護用品及其他規定的勞保福利。

4. 工作態度

(1)工作勤勉，服裝整潔，工作崗位的整理、整頓做得很徹底。

(2)機敏的工作態度，工作非常有效率。

5. 薪資水準

(1)薪金在一般水準。

(2)沒有不公平的薪資制度，沒有延誤發薪的傳聞。

(2)適當地使用營業費，員工的儲蓄率很高。

六、實施評級

(一)量化記分

評估機構對客戶的信用評級以量化評估為基礎，記分採取百分制，並扣減信用缺失項分數後計算綜合得分。

1. 其中未造成不良影響的，一項(次)扣減 5 分。

2. 比較嚴重的信用缺失，有一定不良影響的，一項(次)扣減 10～30 分。

3. 嚴重信用缺失，造成較大不良影響的，一項(次)扣減 30～50 分。

(二)評級結果審核

評級機構組織專門小組，經多方考察核實、綜合分析提出企業評級建議，並上報專家評審委員會審核。根據評估機構的評級結果及社會公眾和相關方面的回饋意見，由專家評審委員會審定客戶的信用等級。頒發客戶信用等級證書，以發揮信用資源對企業發展的促進作用。

◎新客戶開發管理制度

第 1 章　總則

第 1 條　為使本企業的客戶開發工作規範化，順利開展新客戶開發的工作，特制定本制度。

第 2 章　新客戶開發管理

第 2 條　為保證新客戶開發計畫的順利進行，為企業爭取到更多的市場，需要建立統一的組織協調機構。

(1)銷售部作為主要的新客戶開發組織策劃部門，負責新客戶開發計畫的制定和組織實施。

(2)銷售部所轄人員是新客戶開發活動的具體執行人員。

第 3 條　新客戶開發的任務。

(1)確定新客戶的範圍，選擇需要開發的新客戶，選擇新客戶開發計畫的主攻方向。

(2)實施客戶開發計畫，確定與潛在客戶聯繫的管道和方法。

(3)召開會議，交流業務進展情況，總結經驗，提出改進對策，對下一階段工作進行佈置。

第 4 條　選擇新客戶的原則

(1)新客戶必須具有較強的財務能力和較好的信用。

(2)新客戶必須具有積極的合作態度。

(3)新客戶必須遵守雙方在商業上和技術上的保密原則。

(4)新客戶的成本管理和成本水準必須符合本企業的要求。

第 5 條　新客戶開發的選擇步驟

(1)搜集資料，製作「潛在客戶名錄」。

(2)分析潛在客戶的情況，為新客戶開發活動的實施提供背景資料。

(3)調查新客戶相關資料，衡量其是否符合上述基本原則。

(4)調查結束後，提出新客戶認定申請，如下表所示。

(5)將上述資料分發給銷售專員，準備新客戶開發的實施。

第 6 條　為新客戶設定代碼，進行有關登記準備。

第 7 條　其他事項。包括將選定的新客戶基本資料通知企業相關部門、確定對方的支付方式、新客戶有關資料的存檔等。

第 3 章　新客戶開發活動的實施

第 8 條　銷售主管組織實施潛在客戶調查計畫。根據新客戶開發人員提供的「潛在客戶名錄」，選擇主攻客戶，然後確定負責新客戶開發工作的銷售專員，進行分工調查，以尋找最佳的開發管道和方法。

第 9 條　運用企業統一印製的《新客戶信用調查表》，對客戶進行信用調查。

第 10 條　根據調查結果，進行篩選評價，確定應重點開發的新客戶。如調查結果有不詳之處，要組織有關人員再次進行專項調查。

第 11 條　向上級提出新客戶開發申請，得到同意後，即實施新客戶開發計畫。

第 12 條　在調查過程中，如發現信用有問題的客戶，有關人員須向上級彙報，請求終止對其調查和業務洽談。

第 13 條　負責新客戶開發的銷售專員在與新客戶的接觸過程中，一方面要力爭與其建立業務聯繫，另一方面要具體對其信用、經營、財務能力等方面進行調查。

第 14 條　負責新客戶開發的銷售專員在訪問客戶或進行業務洽談前後，要填寫《新客戶開發計畫及實施表》。

第 15 條　根據實際進展情況，銷售主管應對負責新客戶開發的銷售專員及時加以指導。

第 16 條　負責新客戶開發的銷售專員應通過填寫《新客戶開發日報表》，將每天的工作進展情況、取得的成績和存在的問題向銷售主管反映。

第 4 章　新客戶開發建議管理辦法

第 17 條　本辦法的目的在於充分利用銷售專員在新客戶開發和產品銷售的過程中形成的寶貴建議。

第 18 條　新客戶開發建議的內容包括但不限於以下內容

(1)企業整體行銷策略的調整。

(2)客戶開發與產品銷售策略的制定。

(3)客戶管理方法。

第 19 條　新客戶開發建議的途徑。員工將寫好的建議投入提案箱，本企業於每月 20 日開箱並於月底前審查完畢。

第 20 條　新客戶開發建議的內容不需獲得各級主管的審批和認可。

第 21 條　每三個月召集全體員工開會討論一次，評定獎級，當場發獎。

第 22 條　新客戶開發建議評定委員會的職責及組成

(1)新客戶開發建議評定委員會的主要職責是調查建議的內容，討論並協調各部門的意見，並做出評價。

(2)新客戶開發建議評定委員會由下列人員組成：主任由行銷總監擔任，副主任由市場部經理、銷售部經理擔任，委員由相關主管級人員擔任。

第 23 條　員工所提建議通過新客戶開發建議評定委員會的審查後，一經採納，可按下表進行獎勵。新客戶開發建立獎勵具體設置如下表所示。

新客戶開發建議獎勵表

等級	評分基準	金額(元)
一等	具有獨創性及價值，並可能實施 其內容可劃分為四個等級	1000
二等		800
三等		600
四等		400
鼓勵獎	該項建議具有獨創性，將來可能有用	200
努力獎	建議人已努力，但其建議不可能實施	獎品

(1)各項提案根據其評分等級給予獎勵。

(2)對於提出合理化建議的員工應予表揚，原則上表揚會於次月 10 日舉行。

(3)企業另外還設有實施績效獎。

(4)企業各部門依建議案件多少(以決定採用的建議為計算基準)與人數的比例，統計出前三名。由企業頒發「團體獎」並將其作為部門考績的參考。

第 24 條　評定決定的通知及公告

(1)每月月底公佈建議評定的結果，並通知建議人。

(2)建議採用者在本企業通知上予以公佈。

第 25 條　建議的保留或不採用的處理

(1)經委員會認定還有待研究的建議，須暫予保留，延長其審查時間。

(2)對於未被採用的建議，如果評定委員會認為稍加研究即可發揮作用的，應告知建議人，相關部門應予以協助。

第 26 條　經採納建議的處理

(1)評定委員會應將決定採用的建議，分部門填寫《建議實施命令單》，於建議提出後的次月 15 日以前交各部門組織實施。

(2)經辦部門的經理應將實施日期和要領填入《建議實施命令單》內，於月底前送交委員會，如在實施過程中遇到困難時，應將事實報告主任委員。

(3)經決定採用的建議，在實施上如與有關部門的意見不合時，由主任委員裁決。

(4)建議實施後其評價如超過原先預期的效果時，由委員會審查後追補建議人獎金。

(5)實施的最後確認由評定委員會負責，但實施責任應屬各部門，有關建議實施的困難事項，由委員會處理。

◎銷售業績考核方案

一、目的

加強和改進銷售專員的績效管理，進一步提高銷售業績。

二、考核種類

(一)月度考核

對當月的工作表現進行考核，考核實施時間為下月的 1～5 日，遇節假日順延。

(二)年度考核

考核期限為當年 1 月至 12 月，考核實施時間為下年度 1 月的 5～15 日。

三、考核機構與被考核者

(一)考核機構

1. 考核實施機構

銷售人員的績效考核由人力資源部實施。

2. 考核評議小組

考核評議小組由銷售部經理、行銷總監及人力資源部相關人員組成。

(二)被考核者

所有負責客戶開發的銷售專員。

四、統計實際工作業績

(一)銷售專員實際工作業績統計

必須對銷售專員個人的實際工作業績進行統計，其統計項目如下。

1.固定客戶訂貨數量統計

(1)推銷訂貨數量統計。各類客戶開發人員訪問時接受訂貨量的統計。

(2)電信訂貨數量統計。對各類客戶開發人員所轄區域內客戶來電或信件訂貨數量的統計。

2.新客戶訂貨數量統計

非固定客戶訂貨數量統計。

3.銷售退回數量統計

(1)業務問題統計。對因供貨不及時等問題而遭到退貨的統計。

(2)誤期問題統計。對未按客戶指定日期送貨而遭到退貨的統計。

(3)品質問題統計。對因產品品質問題而遭到退貨的統計。

(4)其他問題統計。對因客戶訂貨太多，或因滯銷問題而遭到退貨的統計。

4.銷貨作廢統計

銷售專員已開具「售貨清單」並記入統計表，在未送貨前又被取消訂單的數量統計。

5.銷貨優惠款額統計

傭金金額統計。

6.實銷額統計

客戶訂貨累計額扣除退貨、折扣、作廢、優惠等項目後的統計。

(二)個人收款業績統計

對銷售專員個人收款業績加以統計，其項目包括本月應收貨款統計(含本月底為止應收未收款)、本月實收款額統計等。

(三)退貨數量處理

在個人銷貨中，凡退貨屬上月份的訂貨(或送貨)，其退回數量，應從本月份(或下月份)該銷售專員的銷售業績中扣除，或追回與該退回數量相對應的績效獎金。

(四)計算個人銷售毛利

對銷售專員的個人客戶開發損益加以統計，即個人銷售毛利統計，其項目如下。

1. 確定各產品的邊際成本

邊際價格與開發成本的確定。

2. 開發費用統計

對薪水、津貼、車輛保險、油費、旅費等費用的統計。

3. 其他費用統計

對招待、贈送等費用的統計。

(五)計算個人銷售淨利潤

對銷售專員個人銷售淨利潤，即銷售毛利扣除損益進行統計。

(六)公司銷售業績

公司銷售業績分月份及年度兩類加以統計，其統計項目包括月份實際銷售總額統計、年度銷售總額統計、不同類別銷售額統計。

五、確定績效考核指標

(一)月度考核指標

對銷售專員的考核指標，主要採用以下兩個指標。

1. 銷售額達成率

其計算公式為：實際銷售額完成率＝實際銷售額÷目標銷售額×100%。

2. 貨款回籠情況

追款期內不處以罰金，對追款期過後第 1 個月、第 2 個月和第 3

個月的欠款，處以罰金。罰金的計算公式如下：罰金＝(所欠款÷所欠款當月的目標款)×發生該筆銷售額當月的績效工資。

如超過追款期 3 個月欠款仍未到位，由考核者酌情給予個別處理。

可得出考核指標及評分表，如下表所示。

銷售專員月度考核指標及評分表

考核日期：

姓名			性別						到職日期		年　月　日		
出勤獎懲	遲到	曠職	產假	事假	病假	婚假	喪假	警告	小過	大過	嘉獎	小功	大功
	次	日	日	日	日	日	日	次	次	次	次	次	次
加扣分	—	—		—	—			—	—	—	＋	＋	＋
考勤獎懲總得分													

考核指標	總分值	自行評分	初核評分	覆核評分	初核意見
銷售額達成率	40				
貨款回籠情況	15				
客戶開拓能力	12				
調查能力	11				
分析判斷能力	9			覆核意見	
責任感	8				
工作態度	5				
合計	100				

(二)年度考核指標

對銷售專員的年度考核，主要採用以下 5 個指標。

1. 企業效益率

企業效益率(利潤率)=年終企業利潤÷企業年度目標利潤×100%。

2. 團隊銷售額(30%)

實際團隊銷售額績效=實際團隊銷售額÷目標團隊銷售額×100%

3.團隊貨款回籠(20%)

實際團隊貨款回籠績效=實際團隊回款額÷目標團隊回款額×100%

4.個人銷售額(30%)

實際個人銷售額績效：實際個人銷售額÷目標個人銷售額×100%。

5.個人貨款回籠(20%)

實際個人貨款回籠績效=個人實際回款額÷個人目標回款額×100%。

綜上，可得出年度考核指標及評分表。

銷售專員年度考核指標及評分表

姓名			性別					到職日期		年　月　日			
出勤獎懲	遲到	曠職	產假	事假	病假	婚假	喪假	警告	小過	大過	嘉獎	小功	大功
	次	日	日	日	日	日	日	次	次	次	次	次	次
加扣分	—	—		—	—			—	—	—	+	+	+
考勤獎懲總得分													

考核指標	總分值	自行評分	初核評分	覆核評分	初核意見
考勤	5				
公僕絡濟效益率	30				
團隊銷售額	15				
團隊貨款回籠	15			覆核意見	
個人銷售額	20				
個人貨款回蘢	15				
合計	100				

所以，年度績效得分=考勤績效得分+團隊銷售額績效得分+團隊貨款回籠績效得分+個人銷售額績效得分+個人貨款回籠績效得分。

六、實施績效考核

(1)銷售部經理組織相關人員，根據員工實際工作表現，對照《銷售專員績效考核表》，對銷售專員進行評估，並將結果匯總上交人力資源部。

(2)人力資源部將考核結果於考核結束後的 3 日內，呈報考核評議小組審批。

(3)人力資源部於審批結束後的5個工作日內將考核結果回饋被考核者，進行績效面談。

七、考核結果運用

(一)月度考核

月度考核結果用於月度績效工資的發放。設實際銷售額完成率為 A，月績效工資計算如下。

(1)A＝85%～110%，實得績效工資＝A×績效工資基數　罰金。

(2)A＝111%～150%，實得績效工資＝A×績效工資基數×1.2－罰金。

(3)A＝151%以上，實得績效工資＝A×績效工資基數×1.5－罰金。

(4)A＝50%～85%，實得績效工資＝A×績效工資基數÷1.2－罰金。

(5)S＝49%以下，實得績效工資＝A×績效工資基數÷1.5－罰金。

◎業務員開拓新客戶獎勵辦法

一、獎勵主旨

1. 開拓新經銷店，強化銷售管道。

2. 提高利潤。

二、具體辦法

1. 期間：××年×月×日至××年×月×日。

2. 獎勵對象：營業部全體業務員。

3. 獎勵名額：10 名。

4. 獎勵條件：依下列評審標準核計每一位業務員的「總點數」，前 10 名者入圍。

⑴平均進貨點數

經銷商進貨點數統計表

新經銷店每月平均進貨金額	點數
50 萬元	32
40 萬元	24
30 萬元	20
20 萬元	16
10 萬元	11

核計方式：

①計算每一個新經銷店每月平均進貨金額，核定點數。

②合計該業務員的全部經銷店網點，然後除以新網點，即得平均進貨網點。

⑵達成率點數

銷售完成點數統計表

完成百分比	銷售點數
120%及以上	60
110%及以上	55
100%及以上	50
90%及以上	42
80%及以上	33
70%及以上	26
60%及以上	20
50%及以上	15
40%及以上	11
30%及以上	8
20%及以上	6

核計方式：

①（該業務員××年×月×日總店數）－（××年×月×日總店數）＝淨增銷售點。

② $\frac{\text{淨增+銷售點}}{\text{規定開拓店數}}$ =完成率

③開拓月份網點

開拓網點進度表

開拓月份	銷售網站
1月	20
2月	18
3月	16
4月	14
5月	12
6月	10

核計方式：

①業務員每一新經銷店按其開始進貨月份核定銷售網站數。

②合計業務員的全部新經銷店網點，然後除以新網點，即得開拓月份網點。

◎新客戶開拓計畫及管理實施辦法

第一章　組織機構

第一條　為保證新客戶開發計畫順利進行，為公司爭取到更多的經銷商的商品市場，需要建立統一的組織協調機構。

第二條　新客戶開發部作為主要的組織企劃部門，負責計畫的制定和組織實施。

第三條　營業部所轄各科室為具體實施部門。

第二章　新客戶開發任務

第四條　確定新客戶範圍，選擇新客戶開發計畫的主攻方向。

第五條　選定具體的新客戶，其步驟是：

①搜集資料，製作「潛在客戶名錄」；

②分析潛在客戶的情況，為新客戶開發活動提供背景資料；

③將上述資料分發給營業部。

第六條　實施新客戶開發計畫。主要是確定與潛在客戶聯繫的管道與方法。

第七條　召開會議，交流業務進展情況，總結經驗，提出改進對策，對下一階段工作進行佈置。

第三章　新客戶開發業務活動

第八條　組織實施潛在客戶調查計畫。根據新客戶開發部提供的「潛在客戶名錄」，選擇主攻客戶，然後確定銷售人員進行分工調查，以尋找最佳的開發管道和方法。

第九條　對新客戶進行信用調查。調查方法是，填制企業統一印製的新客戶信用調查表。

第十條　根據調查結果，進行篩選評價，確定應重點開發的新客戶。

第十一條　如調查結果有不詳之處，組織有關人員再次進行專項調查。

第十二條　向新客戶開發部提出詳細的新客戶開發申請。得到同意後，即實施新客戶開發計畫。

第十三條　在調查過程中，如發現信用有問題的客戶，有關人員須向上級彙報，請求中止對其調查和業務洽談。

第十四條　銷售人員在與客戶接觸過程中，一方面要力爭與其建立業務聯繫，另一方面要具體進行對其信用、經營、銷售能力等方面的調查。

第十五條　銷售人員在訪問客戶或進行業務洽談前後，要填制「新客戶開拓安排及管理實施表」。

第十六條　根據實際進展情況，營業部長應及時地加以指導。

第十七條　營業部銷售人員應通過填制「新客戶開拓日報」，將每天的工作進展情況、取得的成績和存在的問題向營業部長反映。

心得欄 ------------------------------

第 4 章

行銷部的銷售管道管理

◎經銷商管理制度

第 1 章　總則

第 1 條　本制度規定本企業與經銷商之間的有關交易事項。

第 2 條　本制度由市場行銷部制定，總經理審核後執行。

第 2 章　對經銷商的要求

第 3 條　經銷商的經銷區域

(1)經銷商可銷售的區域，依合約預定來執行。

(2)經銷商如要在指定以外的區域進行經銷活動，應事前與本企業聯絡，取得認可後才可進行經銷活動。

(3)一般情況下，本企業必須對此經銷商做深入的調查與研究方可授權。

第 4 條　經銷商經營的產品要求。經銷商所經營的產品必須是由本企業生產、附有××商標的產品。

第 5 條　銷售責任額要求。此項依合約約定執行。

第 6 條　銷售價格

(1)經銷商銷售的產品價格必須依照本企業的規定來進行。

(2)特殊情況時，須經雙方協定，經本企業的認可後方可實施。

第 7 條　交易保證金。依合約約定執行。

第 3 章　關於貨物的約定

第 8 條　企業的交貨方式與運費

(1)本企業以企業工廠為給經銷商交貨的地點。

(2)如代理商另有請求可送貨至其指定地點，則產品的裝箱費、運費由經銷商負擔。

(3)運送途中如發生事故，其費用負擔由企業與經銷商雙方協商後決定。

第 9 條　退貨。當貨品與經銷商的訂購內容不同，或產品不合格，責任明顯為企業所有時，才能接受退貨條件。

第 10 條　暫停出貨。經銷商如未能履行按時付款的義務，或有違約情況發生，企業將暫停給其發貨以便觀察。

第 4 章　經銷商付款獎勵辦法

第 11 條　獎勵對象為按照合約約定及時付款的企業品牌所屬經銷商。

第 12 條　經銷商付款獎勵宗旨

(1)激勵經銷商推行分期付款銷售業務。

(2)全面拓展企業產品的銷售管道。

(3)力爭使未能以現金購買的客戶，以分期付款的方式購買。

(4)吸引欲對其他品牌分期購買的顧客。

第 5 章　保密規定

第 13 條　經銷商必須嚴守與企業有關的交易機密，不得洩露給第三方。

◎經銷商設立須知

一、倉庫

須能容納產品及空瓶箱的倉庫，倉庫所在地須大貨車能出入方便，並不妨礙交通行為原則。

二、須有電話、傳真

三、設定抵押

須提供不動產擔保抵押設定，設定擔保金額依據經銷區域內人口數計畫，即經銷區域人口數乘於每人 4 元等於設定擔保金額。(例如人口為 100，000 人×每人 4 元＝400，000 元擔保金額)。

四、車輛

每 10 萬人口須有一台推銷車輛（載重 1.5 噸以上）。

五、營業項目專營本公司產品，不得兼營其他商品。

六、資格經銷商須有推銷能力及基本客戶，並接受本公司培訓。

七、付款

空白支票送存本公司，並委任本公司代開每次貨款或空瓶箱保證金的期票。每次寄來空白支票必須加蓋店印、負責人私章。金額、日期空白。抬頭請註明××股份有限公司。每次寄送 15 張空白支票來本公司，若只剩最後一張，即保留不開，並暫時不出貨，待接到空白支票後，再繼續出貨。本公司開票之後，即以開票通知書，寄給經銷商核對以便按時兌付。

八、訂貨、退回空瓶箱辦法

訂貨：經銷商每旬以訂貨單訂貨（不得用電話訂貨），本公司憑訂貨單上日期出貨，取消訂貨須四日前以書面通知本公司。

退回空瓶箱：須用通知書寄至工廠，廠方即安排車輛運回，若未寄通知書者，即不受理運回。

九、設立登記

經銷商須設立行號或公司，並領得營業執照，將複印件交本公司。

◎特約店協會組織制度

第一章　總則

第一條　名稱

本會的名稱為「××特約店協會」。

第二條　辦公處

本會的辦公處設於××公司之內。

第三條　會員

本會的會員與××公司締結特約店契約，且須具有會員資格。

第四條　業務

本會以增進會員的銷售，促進業務的合理化及經營的發展，加強會員之間的聯繫為原則，特別開展下列五項工作：

⑴為促使銷售契約成立所進行的各種磋商、協定。

⑵修訂、制定特約店的規定。

⑶進行各種業務上的聯絡，以使彼此的交易得以順利進行。

⑷舉行有關銷售方法、銷售技術、經營管理、店鋪設計、人事管理、事務處理及其他相關內容的研究會、講習會、訓練會，並進行指導。

⑸計畫、實施各種活動以促進彼此間的良好關係。

第二章　運營方式

第五條　管理人員

本會基於業務的需要，設置下列管理人員：

⑴會長 1 名。

⑵副會長 1 名。

⑶幹事若干名。

以上管理人員由會員選舉產生，任期為一年，可連選連任。

第六條　運營

本會每年舉行一次大會，會中討論年度計畫及進行業務報告、財務報告。會長及副會長必須根據情況需要，召集人員組成董事會。董事會根據大會的議事項目，決定有關會務運作的協定。

第三章　特約條件

第七條　經費

會費每年為×××元。凡會議、通信、聯絡等會務運作所必需的經費皆由此支出。但講習會、旅行等特別經費則須依當時的需要，由董事會議決定。

第八條　會員資格

凡本會會員須具備下列四項條件：

⑴與××公司已締結特約店契約者。

⑵已支付信用金者；

⑶過去一年的銷售額達到×××萬元以上者。

⑷其他本會特別指定者。

第四章　其他

第九條　會員的特惠

本會對於會員特別訂有「特約店交易規定」，會員可因此享有交易上的各種特別優惠條件。

第十條　制度的廢止

本制度的廢止須由大會決定。

◎特約店經營制度

第一條　本公司設置特約店的基準及營運方針，以本制度的內容為準。

第二條　經營商品

1. 經營商品以××為主體。目前的主力產品是依靠舊有客戶的交易，為了將來的發展，目前也應視情況適當經營新產品。

2. 特約店負責前項商品的批發和銷售。

3. 特約店不得銷售其他廠商的同種產品。

4. 今後將逐次追加經營商品項目。

第三條　特約店的設置

1. 特約店的設置依下列規劃進行：

⑴A 地區×店。

⑵B 地區×店。

⑶C 地區×店。

2. 前項區域劃分，可因銷售額的提高、人口的增加及其他因素而變更店數。

3. 本特約店制度只適用於大城市及附近縣市，其他區域的實行方針則依照總代理店制度來進行。

4. 特約店的選定

⑴從以往與本公司有交易往來的零售店中篩選。

⑵從目前雖與本公司無交易或交易額極小，但卻極具未來潛力的零售店中篩選。

5. 從業績不高的零售店中篩選特約店時，須依照下列基準來進行：

⑴每年銷售本公司產品數量超過××以上的店。

⑵每年銷售××產品數量超過××以上者。

⑶目前的交易額度雖小，但具有誠意且付款明確者。

選店時必須以經營穩健且具有合作性、能積極投入銷售活動者為對象。

6. 未有交易往來而具實力者是指符合下列條件的零售店：

⑴該地區尚未有老客戶介入。

⑵以地區性來說具有銷售潛力且未來仍有可能開拓銷售管道的

零售店。

第四條　與非特約店交易客戶的往來方式

1. 對於非特約店的交易客戶，一概以既有的交易方法來進行交易。

2. 不論商品出於本公司或出於特約店，價格都必須統一。

3. 對於新的交易申請，原則上應轉給該地區的特約店辦理。

4. 這種非特約店的商店交易，應隨著特約店銷售能力的增大而中止。相反這些商店中如有交易增大者，應設法將其納入特約店體制中。

第五條　特約店的義務

1. 根據過去的實績及所在的區域的消費實力，特約店每年要有一定的銷售責任額。此額度每年必須經雙方協議而修正。

2. 目前各商品的最低銷售責任額暫定如下：

⑴××地區——××至××。

⑵新產品及新型號則依當時條件另訂。

3. 特約店須加入總公司。

4. 總公司是以協助、擴展特約店業務為目的的實體。

第六條　交易方法

1. 交貨給特約店的批價及特約店本身的售價依下列規定實施：

⑴A 價——公司批給特約店的價格。

⑵B 價——特約店及公司給零售店的價格。

⑶C 價——賣給一般消費者的售價。

⑷D 價——季節前的交易價格，屆時另訂。

2. 為促進特約店的銷售及鼓勵其積極付款，本公司特設折扣制度。

3. 貨款的繳付以每月二十五日為截止日，次月十日前須以現金繳付。如以期票繳付，則付款金額包含折扣費。

4. 關於季節性的貨款繳付，應另外訂立特別價格。

5. 貨物運送過程中所發生的破損等由本公司負擔。

第七條　支援銷售

1. 對於特約店，本公司將免費或以成本價提供銷售用的目錄、廣告冊、傳單、海報等。

2. 本公司自行負擔在報紙、雜誌、傳單及其他媒體上的產品宣傳費用，在實行這些廣告宣傳之前，本公司應制作實施預定表，事前與特約店進行聯絡。

3. 本公司對特約店進行有關銷售方法、商品說明方法及其他相關的培訓，並指示銷售計畫。

4. 在開始銷售新型產品時，公司免費提供或借與各特約店該產品的樣品。

5. 本公司對特約店主及負責的店員進行有關產品的組合及使用方法，產品說明，銷售時的應對方式等方面的教育指導。

第八條　產品製造方法

1. 如偏遠地區的訂貨量增多時，可於市內及各地尋求轉包工廠，由這些工廠來負責產品的生產。

2. 本公司內部將自設模具工廠，由公司自己經營，至於生產方面本公司將再採取轉包生產政策。

3. 針對×××及×××各產品，本公司將設置裝配工程部門，以付費方式委託其他單位。

◎代理商管理制度

第 1 章　總則

第 1 條　本制度規定本企業與代理商之間的有關交易事項。

第 2 章　關於代理的約定

第 2 條　代理商的銷售區域

(1)代理商可銷售的區域，依協定來決定。

(2)代理商如欲在指定以外的區域進行買賣活動，應事前與企業聯絡，取得其認可。

(3)在某種情況下，企業必須估計此代理商與其他代理商的競爭情況，對此做深入的調查與研究，確定無顯著影響後方才認可。

第 3 條　經營產品。代理商所經營的產品必須是由本公司生產、附有××商標的產品。

第 4 條　銷售責任

(1)代理商的每月銷售責任額為××萬元以上，但此責任額必須是第 3 條規定的產品的總額

(2)代理商需於每月 25 日之前，向企業提出下個月的銷售預定額。

第 5 條　經銷處的設置。代理商可在自己的責任範圍設置經銷處及代辦處等，但設置之前須與企業聯絡，取得其認可方能實施。

第 6 條　銷售價格

(1)本企業批發給代理商的產品價格與代理商賣給顧客的價格，必須依照另外規定的價格表來進行。

(2)前項的價格如發生變更，前者須經雙方協定，後者須經企業的認可後方可實施。

第 7 條　交易保證金。代理商鬚根據交易額，事前繳付××萬元給本企業，作為交易保證金。

第 8 條　相關資料的提出。代理商需提供必要的資料(如客戶名錄、預計客戶名錄、銷售計畫等)給企業。

第 9 條　企業的交貨方式與運費

(1)本企業以企業工廠為給代理商交貨的地點，如代理商另有請求，可送貨至其指定地點。

(2)關於前項，如另有聲明，則產品的裝箱費、運費由代理商負擔。運送途中如發生事故，其費用負擔由企業與代理商雙方協商後決定。

第 10 條　退貨。只有當貨品與代理商的訂購內容不同或是產品品質不合格，企業才接受代理商的退貨。

第 11 條　付款條件。貨款的繳付以每月 20 日為期限，上月 21 日至本月 20 日貨款應於下月 10 日繳齊。前項付款從付款日算起，經 90 日內到期的匯兌支票為主。

第 12 條　暫停出貨。代理商如未能履行前項付款義務，或有違約情況發生，企業將暫停給其發貨以便觀察。

第 13 條　對代理商的支援措施。為促進代理商的銷售績效與本企業各代理商之間的互助關係，本制度特別制定各種獎勵及支持措施(略)。

第 14 條　交易獎勵措施

(1)銷售額增進的獎金。代理商三個月的平均進貨額如超過去年同期三個月平均額的三成以上，可享受下列回扣優待。

①超過三成者：3%。　②超過四成者：4%。

③超過五成者：5%。　④超過六成者：7%。

以上計算是以三個月為單位，即「1～3 月」、「4～6 月」、「7～9 月」、「10～12 月」。

(2)前項獎金的計算及回扣是以該期的最後一月為計算基準月。

第 15 條 代理商的優惠條件。代理商加盟另外成立的代理商協會，將可享受代理商的經營及技術指導、產品知識的指導、配發宣傳用品和競爭對手的經營資料及其他各種特惠條件。

第 16 條 同種產品的仿造限制。代理商未經企業同意，不得擅自製造第 3 條中的產品或與其類似的產品，亦不得與其他競爭對手訂立契約，進行買賣。

第 3 章　關於進貨流程的約定

第 17 條 訂貨管理

(1)訂貨日期。代理商應該在每月五日以前預報下月可能訂貨，以便企業及時備貨。預訂屬估算性質，僅做參考，實際執行按代理商正式訂單為准。

(2)訂貨申請單。預訂貨品應填寫《訂貨申請單》，經總經理簽字並加蓋公章後，傳真給大區經理；同時按訂貨總價的 10%支付定金，如定金未付至企業，則訂單無效。

(3)款到發貨。代理商應在企業確認的發貨日期之前將全部貨款付至企業指定帳戶，款到後兩個工作日內發貨；因貨款未到導致的發貨延誤企業不負責任。

(4)訂貨匯總。管道經理負責與所轄地區代理商確認訂貨，履行程序並匯總報告企業。

第 18 條　付款管理

(1)全額匯款。企業堅持款到發貨的原則，代理商為保證及時供貨，應在確定供貨時間之前，將應付貨款全部匯至企業指定帳戶。

(2)匯款方式為銀行匯票(自帶或特快專遞至企業財務部)或電匯。

(3)委託付款。如果代理商委託其他單位付款，代理商應在匯款底單傳真上註明。

第 19 條　發貨管理

(1)發貨申請。管道經理根據代理商匯款情況，按代理商要求填寫《發貨申請單》，經財務部確認收款安排發貨。

(2)提貨單據。發貨後將提貨單據用特快專遞寄給代理商。

(3)調整供貨。因特殊情況需要調整供貨日期時，由管道經理提前通知代理商，並與代理商協調供貨辦法和時間。

(4)取消訂貨。代理商逾期 30 天不能匯款，則取消代理商此次訂貨，定金不退。

第 20 條　運輸管理

(1)發貨收貨。代理商在《訂貨申請單》上註明發貨方式和收貨位址，發貨前由企業進行確認。

(2)快件運輸。企業一般採用公路和鐵路快件運輸，運費全部由代理商負擔。

(3)其他運輸方式。如果代理商要求其他運輸方式，運費全部由代理商負擔。

(4)到站。到站後的提貨費用及運輸責任由代理商負擔。

(5)貨物損失。到站前運輸中如發生貨物損失，代理商應在提貨三日內向管道經理提出並提供相關證明，管道經理核實後報行銷總監批准補發相應貨物，並負責在代理商協助下處理索賠事務；逾期提出，管道經理不予受理，損失由代理商負擔。

第 4 章　附則

第 21 條　保密規定。代理商必須嚴守與企業有關的交易機密，不得洩露給第三方。

第 22 條　違反規章的處置方法。代理商如違反本制度的規定，企業可隨時解除部分或全部的契約。

第 23 條　禁止代理商彼此之間的競爭

(1)代理商須在指定區域內，以規定售價進行銷售活動，禁止向其他區域擴張，以免引起代理商彼此之間無謂的競爭，但如經企業指示時則不在此限制之內。

(2)若因前項行為或類似行為，引起代理商之間的競爭，企業將站在公平的立場上調停解決。

第 24 條　指定法律機構。當發生相關紛爭時，由企業所在地的指定法律機構裁決。

◎連鎖店加盟制度

第一條　目的

本合約確定××公司與其加盟連鎖店的權利與義務，旨在推進××公司和各加盟店事業的共同發展。

第二條　約束

××公司及各加盟店不受本合約以外和根據本合約制定的其他

規定以外的規章約束。

第三條　嚴守

××公司及各加盟店必須嚴格遵守本合約及根據本合約制定的其他規定。××公司須為各加盟店嚴格保守商業秘密。

第四條　名稱

在××公司的許可下，各加盟店對外名稱為「××連鎖店」。

第五條　營業前準備

（一）各加盟店與××公司簽訂本合約後，××公司予以加盟店各種業務指導和支援。各加盟店須依據××公司的指導進行營業前準備；

（二）××公司對加盟店的指導和支援由另行的《營業前準備規定》確定；

（三）××公司有義務對加盟店進行下列指導和支援：

1. 職員培訓；

2. 提供各類促銷廣告宣傳；

3. 指導建立營業賬簿。

第六條　禁止轉讓經營權

各加盟店的經營權禁止轉讓。但依據經營繼承權規定，經營權可以繼承。

第七條　商品訂貨及運費

與各加盟店的營業活動有關的規定如下：

（一）經銷商品名稱及價格由商品名錄確定；

（二）訂貨需統一填制；

（三）訂購經銷××公司以外的商品，需征得××公司的認可；

（四）貨款每月 15 日結算，月底通過銀行匯款到××公司指定帳號，但首次購貨貨款須當時支付；

（五）原則上不接受加盟店的退貨；

（六）貨物運輸由××公司承擔，但運費由訂貨加盟店支付。

第八條　營業報告

各加盟店有每月月末向××公司彙報當月營業情況並妥善保管各種營業記錄的義務，且有義務接受××公司對此的檢查和審查。

第九條　營業員

各加盟店在錄用員工時需慎重選取。應將員工名錄及時上報××公司。

第十條　共同義務

為保證各方的共用利益，××公司與各加盟店必須遵守下列共同義務：

（一）為體現連鎖店企業形象的統一性，各加盟店須對店內外重新裝修；

（二）實施統一的廣告宣傳；

（三）實行內部統一的佈局設計；

（四）使用統一的營業用消耗品；

（五）營業員穿著統一的制服；

（六）實行統一的經營管理模式；

（七）店面外採用風格統一的裝飾。

第十一條　費用負擔

上述所列的費用支付由各加盟店負擔。

第十二條　保證金

各加盟店需向××公司支付×萬元的保證金。

第十三條　賠償金

各加盟店因故意或過失造成的商品損害，或對消費者造成的損害，均由各加盟店賠償。由××公司責任造成的損害，由××公司負責賠償。

第十四條　違約處理

如加盟店拒絕支付或部分支付保證金，或不履行××公司規定的其他義務，××公司可對其下達限期支付命令，或單方面中止本合約。

第十五條　利息賠償

如加盟店不能如期支付貨款，自支付期結束日開始，採取計息支付。

第十六條　經營權繼承

如原加盟店法人代表死亡，其繼承人應在 60 日內向××公司提出申請，並從繼承經營權之日起，履行本合約。在提出申請時，必須有原法人代表的書面同意檔。××公司在審查後再行決定。

第十七條　呈報事項

各加盟店如有以下變動時，須在 14 日內向××公司進行彙報：

（一）經營管理機構人員變動；

（二）職工人數增減變動；

（三）企業資金發生變化；

（四）經營狀況發生重大變化；

（五）對本合約規定事項進行單方面修訂。

第十八條　禁止事項

在合約期內，各加盟店不能有如下行為：

（一）違反店名、標誌和商標規定；

（二）陳列和銷售非指定商品；

（三）違反統一的廣告宣傳規定；

（四）擅自調整價格；

（五）不經××公司同意，進行連鎖店之間的競爭；

（六）不履行支付保證金義務，不如期支付貨款；

（七）進行違法或有損連鎖店聲譽的活動。

第十九條　合約有效期

本合約的有效期自業務開始起，有效期為三年。

第二十條　續約與解除

合約續延須在合約有效期結束前 6 個月向××公司提出申請，得到同意後，合約續延一個新的合約期。但是，如××公司在合約有效期結束前 1 個月尚無答復，本合約自動中止。

此外，××公司有義務提前 6 個月通知加盟店解除合約事項。但各加盟店如有第十八條所列行為，可在合約期間解除本合約。

第二十一條　合約終止後處理

合約終止後，各加盟店要根據本合約進行的營業活動，在 30 日內返還屬連鎖店總部物品，撤除依本合約所製作的廣告、標誌等。

◎連鎖店運營體制規範

第一條　連鎖發展計畫

首先要確立型態的選擇及短、中、長期計畫的擬定，連鎖化經營有示範店的必要性，藉以瞭解市場需求狀況，發現其優點與缺點，諸如商店的店面設計、裝潢設施、賣場氣氛、商品計畫及服務結構、顧客交易情形、作業流程、賬務處理方法及存貨控制方式、人員的訓練內容及現場操作要領，突發狀況的處理等。

惟有通過示範店的實驗，才能正確擬訂政策。

第二條　綜合形象的運用

（一）CI 的形象塑造

具體的實施 CI 體制，必須深入到顧客，形象的建立，廣告媒體的運用，從業人員的士氣提升，乃至關係企業的形象強化。

（二）CI 塑造的要領

必須針對商品層面、店鋪表現層面、賣場構成層面、基本服務層面、銷售層面、推廣層面、顧客層面等諸多角度，藉以塑造商店形象。

連鎖經營必須具備的要素：

1. 統一的招牌；　　2. 統一的廣告；
3. 統一的採購；　　4. 統一的教育；
5. 統一的裝潢；　　6. 統一的製造；
7. 統一的價格；　　8. 統一的品質。

第三條　連鎖管理制度的展開

建立連鎖店管理的情報體系需要的有關資訊包括以下：

1. 財務管理；
2. 存量管理；
3. 季節庫存管理；
4. 採購管理；
5. 銷售記錄；
6. 營業分析；
7. 賬務管理；
8. 顧客管理；

9. 歷史資料管理；

10. 作業系統表；

11. 其他有關資訊。

第四條　健全的連鎖店總部執行事項

1. 開店指導、設備購買協助、人員協助；

2. 經營管理技術的訓練及指導；

3. 聯合推廣宣傳的策劃；

4. 商品運輸配送中心；

5. 資金融通的協助；

6. 企業形象、知名度的提供與促進；

7. 專業銷售上的輔導及協助；

8. 存貨的調度；

9. 商圈限制的合理掌握。

第五條　人力的教育與培養體系

教育訓練的對象可以包括本部自身及加盟店、顧客三方面。

◎代理店管理規定

第一章　總則

第一條　目的

本規定旨在為××公司（以下簡稱「公司」）與××代理店（以下簡稱「代理店」）間的代理業務關係確定依據。

第二條　銷售區域

代理店的銷售區域由雙方共同商定。代理店如要進行指定銷售區域外的銷售，需事先通報公司，並征得公司同意。

第三條　銷售產品

代理店經銷的產品為公司製造的 AB 系列產品。

第四條　銷售責任額

代理店每月必須完成銷售額××萬元以上。代理店需在每月 25 日前將下月預定銷售額通告公司。

第五條　銷售價格

公司對代理店的供貨價格及代理店對客戶的銷售價格由價格表另定。供貨價格的變更須經雙方協商決定。銷售價格的變更需征得公司同意。

第六條　購貨保證金

依據購物量的多少，代理店應預交一定數量的購貨保證金。

第七條　提交資料代理店應向公司提交必要的業務資料，如客戶名單、銷售計畫等。

第二章　交易條件

第八條　交貨方式及運費公司對代理店的供貨地原則上以公司生產地為主。如代理店有特別要求，公司應將貨物運送到指定地點。運費由代理店支付。運輸過程中發生損害，由雙方協商解決。

第九條　退貨

如供貨與代理店訂貨內容不同，或因公司生產製造上的責任，造成的質量問題，代理店可以將貨物退回公司。

第十條　支付條件

貨款的結算日為每月 20 日，代理店應在下月 10 日前將上一結算月的貨款付清。

第十一條　削減供貨

如代理店不能履行付款義務，或有違約行為，公司可以削減對其的供貨。

第三章　業務支持

第十二條　目的

為了促進代理店的銷售，保證代理店與公司間建立良好相互合作關係，特提出各種獎勵和支援措施。

第十三條　銷售獎勵制

如代理店 3 個月平均的訂貨量比上年同期 3 個月的訂貨量增加 30%以上，公司實行利益返還獎勵。

1. 增加 30%以上　　獎勵　　%
2. 增加 40%以上　　獎勵　　%
3. 增加 50%以上　　獎勵　　%
4. 增加 60%以上　　獎勵　　%

如代理店全部以現金支付貨款，則返還×%的利益，如果以期票支付的，將期票時間縮短到 60 天（規定為 90 天），則獎勵×%。

第十四條　與會

代理店加入公司的代理店協會，可以接受協會在經營管理和產品製造技術等方面的指導，無償得到廣告宣傳品和經營資料。

第四章　附則

第十五條　同類產品經營限制

代理店未經公司同意，不得與第三方簽訂製作、銷售與本規定所定商品相同或相類似的商品的合約。

第十六條　嚴守商業秘密

代理店與公司都有嚴守雙方交易過程有關的商業秘密的義務，不得洩露給第三方。

第十七條　違約處理

代理店如有違反本規定各條的行為，公司可以隨時解除本規定的部分或全部。

第十八條　代理店間競爭的限制

代理店不遵守指定的銷售區域，以非指定價格在其他銷售區域銷售，屬不正當競爭行為，應予禁止。

如因代理店的不正當競爭行為引起代理店間的糾紛，應由公司出面公正地調解。

第十九條　新設代理店

公司在新設立代理店時，必須經過認真調查，並徵求已有代理店的意見。新代理店的設置不能損害原有代理店的利益。

第二十條　仲裁地

當公司與代理店發生合約糾紛時，應在公司所在地的司法機構仲裁。

第二十一條　規定修改

本規定的修改由公司與代理店協商進行。

◎銷售管道管理流程

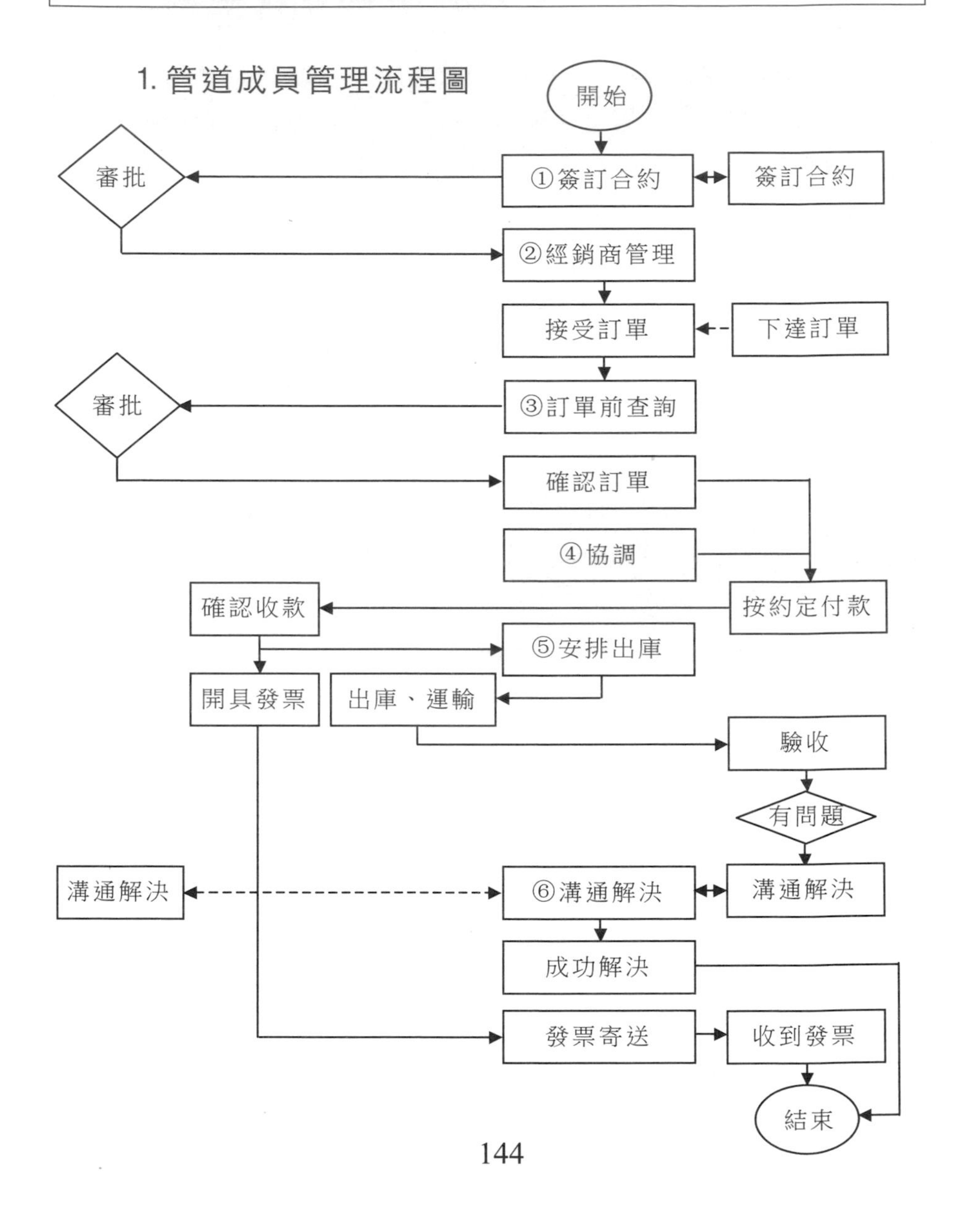
1. 管道成員管理流程圖
開始
審批
①簽訂合約
簽訂合約
②經銷商管理
接受訂單
下達訂單
審批
③訂單前查詢
確認訂單
④協調
確認收款
按約定付款
⑤安排出庫
開具發票
出庫、運輸
驗收
有問題
溝通解決
⑥溝通解決
溝通解決
成功解決
發票寄送
收到發票
結束

2.管道控制管理流程圖

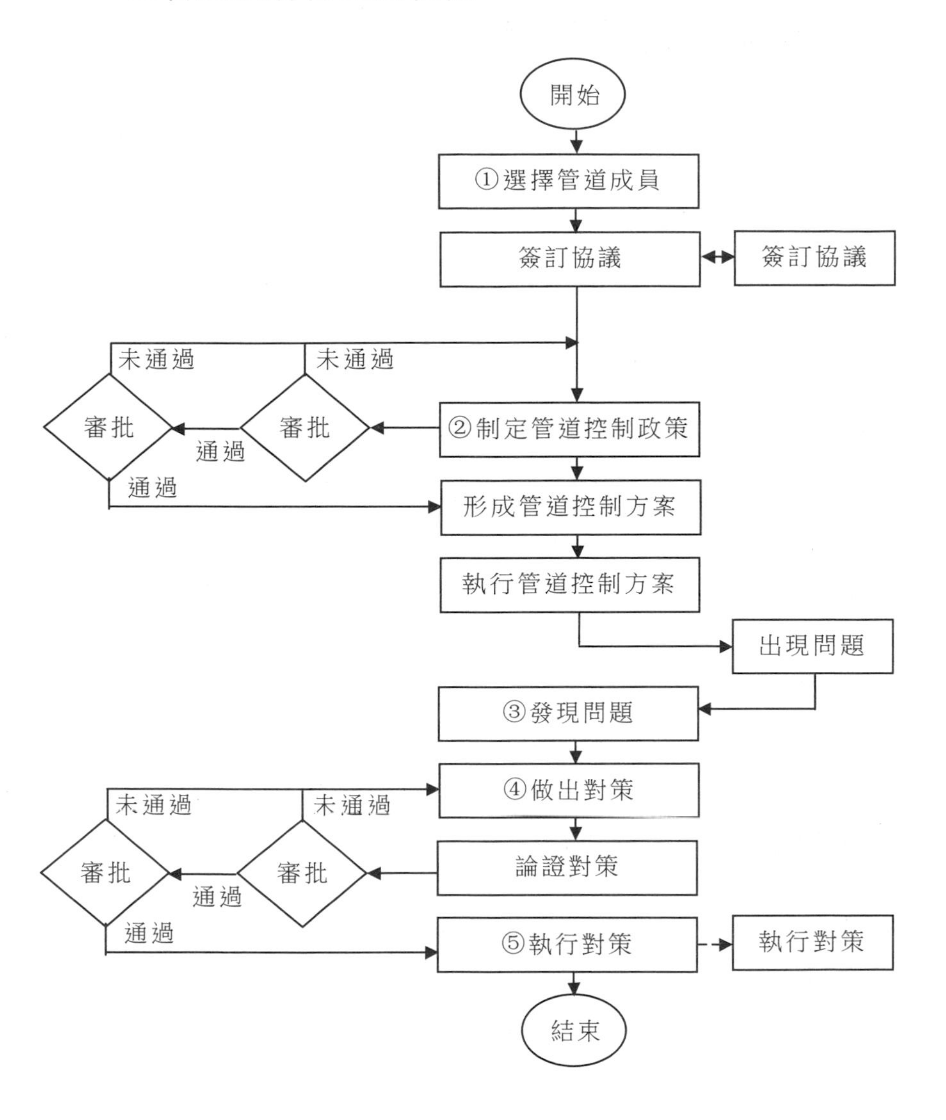
開始
①選擇管道成員
簽訂協議
簽訂協議
未通過
未通過
審批
審批
②制定管道控制政策
通過
通過
形成管道控制方案
執行管道控制方案
出現問題
③發現問題
④做出對策
未通過
未通過
審批
審批
論證對策
通過
通過
⑤執行對策
執行對策
結束

◎經銷商年度獎勵辦法

第一章　總則

第一條　獎勵期間

自××年×月×日至××年×月×日止。

第二條　獎勵對象

凡從本公司進貨（電子及電氣製品）的立約經銷商，均屬於獎勵預備對象。

第三條　獎勵種類

1. 電子製品：電腦、電視機、答錄機、音響、收音機、汽車音響等製品；

2. 電氣製品：電冰箱、冷氣機、洗衣機、吸塵器、果汁機等製品。

第四條　獎勵計算標準

1. 根據前列電子及電氣製品種類，以各製品批發價總金額（不包括保證金）綜合計算；

2. 特價銷售製品，不適用本辦法。

第二章　獎勵項目

第五條　年度進貨完成獎勵

1. 獎勵期間：××年×月×日起××年×月×日止；

2. 獎勵規定（如下表所示）：

獎勵規定表

級別	年度進貨完成金額	應得獎金
特級	36 萬元	3600 元
A 級	60 萬元	7200 元
B 級	120 萬元	16800 元
C 級	180 萬元	28800 元
D 級	240 萬元	43200 元
E 級	300 萬元	60000 元
F 級	360 萬元	79200 元
G 級	420 萬元	100800 元
H 級	480 萬元	124800 元
I 級	600 萬元	168000 元
J 級	720 萬元	208800 元
K 級	960 萬元	288000 元
L 級	1200 萬元	360000 元

3. 發放日期：××年××月××日。

第六條　進貨促銷獎勵

1. 獎勵日期：

××年××月××日至××年××月××日止；

2.獎勵辦法（如下表所示）：

獎勵核算表

級別	全年度批發價進貨完成利潤	獎勵率	應得獎金
A 級	B1＝M1×100%以上	x0	B1× x0
B 級	B1＝M1×115%以上	x1	B1× x1
C 級	B1＝M1×125%以上	x2	B1× x2
D 級	B1＝M1×135%以上	x3	B1× x3
E 級	B1＝M1×150%以上	x4	B1× x4

⑴以××年××月××日起至××年××月××日止的進貨金額為 M1；

⑵以××年×月×日起至××年×月×日止的進貨金額為 B1；

⑶B1＝M1×150%以上者，一律以 E 級計算；

⑷若為新開發經銷商一律以 A 級獎勵率 x0 乘以全年度進貨金額計算；

⑸各級獎勵率：暫不公佈。

3.發放日期：××年×月×日。

第七條　專售獎勵

1.凡向本公司進貨，且不經銷其他廠品牌製品者給予各商品批發價進貨總金額 1%的獎勵，但公司無生產的製品不在此列；

2.非專售者，給予進貨金額 0.5%的獎勵；

3.發放日期：××年×月×日。

第八條　月份增長獎勵

1.本年當月進貨金額較去年當月進貨金額，其增長率增加 10%以上者，給予 0.5%的獎勵金；

2. 本年當月進貨金額較去年當月進貨金額，其增長率增加 15%以上者，給予 0.7%的獎勵金。增長率計算公式：

$$增長率=\frac{××年當月進貨金額-上年當月進貨金額}{××年當月進貨金額}×100\%$$

3. 新經銷商（無去年當月進貨金額）按每月進貨金額給予 0.3%的獎勵金；

4. 但當月進貨逾期付款或當月未進貨而預付款者，不予獎勵。

第九條　獎金的發放

1. 各商店應得獎金應根據上列公式計算；

2. 獎金分二期發放：

第一期：××年×月×日

第二期：××年×月×日

第十條　付款獎勵

1. 付款日期：每月底應結清當月份全部貨款；

2. 獎勵率：凡超過 50 天以上者，則每天以 0.05%計算，減發年度獎金；

3. 獎金的發放：於當月貨款結算之日從中扣除。

付款獎勵率表

票期	獎勵率	票期	獎勵率
1 天～10 天	2.5%	26 天～30 天	0.6%
11 天～15 天	2.2%	31 天～35 天	0.4%
16 天～20 天	1.8%	36 天～0 天	0.2%
21 天～25 天	1.0%	41 天～45 天	0%

第十一條　不動產抵押獎勵

1. 獎勵對象向本公司提供不動產擔保的經銷商。

2. 獎勵方式。

◎經銷店技術服務獎勵辦法

第一條　獎勵對象

凡公司經銷店，已辦好抵押，並簽有年度銷售目標者。

第二條　獎勵辦法

1. 按各店簽約目標級別設定標準技術服務人員名額如下：

標準技術服務人員名額設定表

年度目標	經鑒定合格的標準服務人員名額
240 萬～600 萬	1 人
600 萬～1200 萬	2 人
1200 萬～2400 萬	3 人
2400 萬～3600 萬	4 人
3600 萬以上	5 人

2. 各店應按標準技術服務人員名額推薦人選，經公司技術鑒定合格，從當日起核發該店應得獎金。

3. 各店推薦技術服務人選的資格標準：

(1)本科以上電子專業或相關專業畢業者。

⑵本科以上畢業且有一年以上的技術服務經驗者。

以上人員均為男性，並有資格證書。

4.本公司每月定期舉辦技術服務人員技術鑒定考試，各店須於每月 5 日以前備齊有關證件並提出申請，經核准後通知各店人選參加考試。

5.本公司視實際需要，不定期舉辦技術服務人員技術講座，各店推薦人選參加培訓。

第三條　獎勵內容

凡經公司技術服務鑒定合格的經銷店可獲下列獎勵：

1.服務獎勵金為每季進貨淨額的 0.5%，季度達成率 90%以上未達 100%改按 0.4%發給，80%以上未達 90%者按 0.3%發給，80%者以下不發。

$$季度進貨淨額 \times 0.5\% \times \frac{合格服務人數}{基準服務人員名額} \times \frac{季服務鑒定合格月數}{3}$$

2.免費發給員工工具箱及制服各一套。

3.優先參加技術服務講解。

4.優先發給技術服務資料。

5.免費代為宣傳、廣告及推廣服務。

6.發給服務技術檢定合格證明。

7.優先享受本公司業務輔導。

第四條　經銷店的義務

1.對本公司產品給予全面優先、便捷的售後服務，不論該產品是否由該店售出。

2.誠意接受本公司的服務收費標準。

3. 嚴格遵守本公司的服務收費標準。

4. 嚴格遵守商業道德，不得中傷同業者。

5. 確保顧客利益，保證一定免費服務。

6. 負擔技術人員一切薪資津貼等費用。

7. 各店技術人員每日填寫「服務日報表」，並逐日傳真給公司，以便本公司憑其核發獎勵金。

8. 遵守本公司其他規定事項。

第五條　獎金發放日期

每季度一次。經銷商須憑印有本公司台頭的發票，以進貨折讓名義領取。

第六條　獎金資格審核

若經銷商或其技術服務人員未能確實履行其所應盡的義務者，被公司發現，第一次給予警告，第二次減半發給全季度的服務獎勵金，第三次取消一切全年度服務獎勵。

第七條　實施時間

本辦法經核准後實施，並暫定××年度內有效。

◎經銷商購買營業用車優惠辦法

一、優惠宗旨

為協助經銷商減輕營運上的資金負擔，使其積極推銷產品，完成銷售目標，特制定本辦法。

二、相對基金無息貸款規定

1. 申請資格：凡本公司所屬經銷商均可申請。

2.申請時按本辦法規定填寫申請書，經本公司轄區業務主管調查後，呈報業務部審核，呈請總經理核准辦理手續。

3.經銷商可按實際需要或公司認為有必要時，限購新車並須選擇本公司指定車種，其車型以不超過××噸者為限。

4.相對基金的配合：按經銷商所購車輛的底盤價格，由公司無息貸款一半，經銷商自己負擔一半。

5.無息貸款分 12 期（每月一期）。自交車之日當月一日起，按月平均攤還本金。

6.交車時，該貸款的經銷商須將每月應分攤金額開付 15 張期票，一次繳存本公司。

7.依本辦法購置的車輛，其所有權歸屬經銷商，其應繳納的牌照稅、保險費及燃料使用費等各項由經銷商自理。

8.經銷商貸購的車輛，應向該轄區監理機關辦理動產抵押，其費用包括登記費等，由本公司負擔。貸款清償後即辦理賠銷，其費用包括登記費、手續費、印花稅等，由經銷商自理。

9.貸購車輛，未清償貸款以前，中途轉售或中途結束經銷者，未清償的貸款，應一次繳清。

10.貸購車輛，必須按規定申請車輛廣告噴漆，噴漆費用按照本公司有關規定辦理。

11.經銷商訂購車輛，經本公司核准後，即繳納其自理部分的車款及其應繳各項稅款與費用，以即期支票交付本公司統籌。

12.所貸購車輛限載本公司產品，不得移做他用。

三、績優經銷商獎勵規定

交車的第二月起，12 個月期間，其業績達成率 100%以上者，獎勵辦法如下表所示。

完成效益獎勵表

效益完成率	獎勵金額（每輛）
100%以上	2 萬元整
110%以上	3 萬元整
120%以上	4 萬元整
130%以上	5 萬元整
140%以上	6 萬元整
150%以上	7 萬元整

◎經銷店店面陳列獎勵辦法

第一條　獎勵對象

本公司所有經銷店。

第二條　獎勵期間

××年×月×日起至××年×月×日止。

第三條　陳列標準

1.陳列本公司品牌產品，其陳列面積須佔全店總陳列面積三分之二以上。

2.其中至少須陳列洗衣機 7 台以上，電冰箱 6 台以上，彩色電視機 5 台以上。若所陳列商品被出售，須立即進貨補充，以保持最低陳列台數。

3.須陳列或懸掛本公司宣傳海報。

4.新經銷店至少有 3 個月以上的創收。

第四條　評核方式

1. 印製經銷店陳列狀況檢評表。

2. 由業務員每半個月評分一次。經分公司最高主管簽字確認後，於每月 2 日、16 日前將評分表寄交企劃部。

3. 另由市場推廣人員每月評分一次，經市場部經理簽章確認後，於每月 2 日前將評分表寄交企劃部。

4. 企劃部人員不定期分赴各經銷店抽查評分。

5. 業務員或市場推廣人員評分不實者，酌情處理。

6. 凡於××年 12 月份以前，對有一次評分（含：業務員、市場推廣組、企劃部的評分）不符合規定者予以警告，並應立即改善。若兩次評分不符合規定或××年的評分不符規定，取消本獎勵金。

第五條　獎勵方式

1. 合乎陳列獎勵條件的本公司經銷店，按獎勵期間的累積進貨淨額 1%發給陳列獎金。

2. 經銷店如設有分公司或分店者，其分公司或分店也應按規定陳列佈置，否則根據其合乎陳列獎勵標準的店數佔總店數的比例發給獎金。

$$陳列獎金=進貨淨額 \times 1\% \times \frac{合乎陳列獎勵的店數}{總店數}$$

3. 獎金預定××年 2 月底發放。

◎經銷店分期付款獎勵辦法

第一條　獎勵宗旨

1. 激勵經銷商推行分期付款銷售業務。

2. 拓展公司產品的銷售管道。

3. 誘導未能以現金購買的客戶，以分期付款的方式購買。

4. 吸引欲對其他品牌分期購買的顧客。

第二條　獎勵對象

本公司品牌所屬經銷店。

第三條　獎勵內容

1. 凡推行分期付款的客戶，於成交後（以收到第一期款為準），按分期總價款給予 2%傭金。

2. 商品運輸及安裝等由推行分期付款的經銷商具體負責承辦，或由公司指定的經銷商負責辦理，並由本公司給付安裝費，其標準如下：

⑴KV 一 20、KV 一 18　　　　安裝費 500 元。

⑵KV 一 16、KV 一 13、AUDIO　　安裝費 400 元。

第四條　獎金核算

經銷商推行分期付款按每季累積依下列標準核發獎金。

1. 傭金、安裝費，每月核發一次，其具體核算方法如下表所示。

季度傭金、安裝核算表

獎勵%	每季推行情況		
	A 級區域	B 級區域	C 級區域
2.0%	100 萬以上	75 萬以上	50 萬以上
1.8%	75 萬以上	50 萬以上	40 萬以上
1.6%	50 萬以上	40 萬以上	30 萬以上
1.4%	40 萬以上	30 萬以上	20 萬以上
1.3%	30 萬以上	20 萬以上	15 萬以上
1.2%	20 萬以上	15 萬以上	10 萬以上
1.1%	15 萬以上	10 萬以上	7 萬以上
1.0%	10 萬以上	7 萬以上	5 萬以上

2. 效益獎勵金，每季核發一次。

3. 經銷商需憑本公司台頭發票，以「分期付款傭金」、「安裝費」、「獎勵金」等名義領取。

第五條　獎勵期間

本辦法實施於××年×月×日至××年×月×日。

◎經銷店協力獎勵辦法

一、主旨

1. 為維繫重要的大型經銷店對本公司的向心力。

2. 當前市場競爭激烈，大型經銷店均削價銷售，無利可圖。於年終發給紅包獎金，使整年的辛勞不致白費。

3. 使重要的大型經銷店配合本公司的政策，使本公司進入良性經營。

二、獎勵對象

本公司的經銷店（××年×月～×月進貨金額 100 萬元以上者）。

三、辦法內容

1. 金額協力獎勵

年　月～　月進貨金額	獎勵金
100 萬以上	金額×0.4%
120 萬以上	金額×0.5%
160 萬以上	金額×0.6%
200 萬以上	金額×0.7%
250 萬以上	金額×0.8%
300 萬以上	金額×0.9%

2.市場秩序協力獎勵

無削價、越區紀錄	金額×0.1%
一次	金額×0.05%
二次及以上	0

3.業績成長協力獎勵

××年/××年金額	獎勵金
100%（含）～110%（不含）	金額×0.05%
110%（含）～120%（不含）	金額×0.1%
120%（含）以上	金額×0.3%

4.產品種類協力獎勵

暢銷產品金額佔總金額比例	獎勵金
65%（含）以下	金額×0.1%
75%（含）以下	金額×0.05%
75%以上	金額×0%

（用意）避免經銷店只賣本公司最暢銷的產品而忽略其他產品。

5.財務協力度

年度無延票、延退票記錄， 且票期均依本公司規定者	金額×0.2%
付款有一個月超過本公司規定者	金額×0.1%
付款有二個月超過本公司規定者	金額×0.05%
①付款有三個月超過規定或 ②有延期付款或退票紀錄者	0

6.經銷商聯誼會（含：講習會）出席率

全部出席	金額×0.1%
一次缺席	金額×0.05%
二級及以上缺席	0

四、獎金預定發放日期

××××年春節前由總經理拜年時發放。

註：本辦法擬不公佈，由營業部經銷店需要個別說明。

◎團體購物獎勵辦法

一、宗旨

為促進銷售及確保各單位利益。

二、獎勵對象

團體購物單位

三、獎勵期間

12月1日至次年11月30日。

四、獎勵項目

1.專售獎勵：年終按進貨金額（以入金為準）依下列標準核給。

⑴另有訂定銷售辦法商品的進貨額，得並計入全年進貨總額，以憑核定獎勵率等級的標準，但其本身不予計算獎金。

⑵年中開始交易者，其獎勵率以其交易月數比例推計的全年的全年進貨額為率。

2.付清獎勵：全年度每月貨款都以現金付清者，年終按其實積給予 0.5%的獎勵。

金額（萬元）	獎勵率（%）
未滿 120	0
120 以上	1.5
160 以上	1.6
200 以上	1.7
250 以上	1.8
300 以上	1.9
350 以上	2.0
400 以上	2.1
500 以上	2.2
600 以上	2.3
700 以上	2.4
800 以上	2.5
1000 以上	2.6

3.提前付款獎勵：貨款每月底結算一次，並須於翌月 20 日前開具結算日後 40 天支票（限銀行或信用合作社支票）。若提前付款或滯納者依下列標準核算。

	提前付款			
付款(結算日起)	10 天內	30 天內	40 天內	超過 40 天
獎勵率	2.5%	每日 0.06%	不予獎勵	每日扣 0.08%

⑴提前付款獎勵不得現扣。

⑵提前付款部分一律以「信匯」彙入指定銀行帳戶，並以「信匯通知書」作為票據抵付貨款。

⑶每月獎勵金或滯納金於翌月底前發給清單，並於每次月憑此清單及「進貨折讓」發票抵付貨款。若滯納金超過獎勵金額則由年終獎金扣除。

⑷票期如超出規定期限者得停止發貨。

⑸延票時應追回其獎金，若超出規定期限並加計滯納金。

五、附則

1. 獎勵金的取得以償清全部且經兌現者為前題。

2. 獎勵金憑統一發票發給。

3. 經銷土產公司須簽定「專售合約書」方具有享受獎勵的資格。新設立者就出貨日起一星期內簽妥合約。

◎專售店獎勵辦法

一、專售條件

具備下列條件的專售店：

1. 經銷店陳列的冷氣機、彩色電視機、答錄機、音響、微波爐類別產品，不可有其他廠產品及全部陳列面積必須有 80%以上是陳列本牌產品。

2. 經銷店全部銷貨額，必須 80%以上是本公司的貨。

3. 經銷店除本公司製作的廣告品外，不得有其他廠的廣告海報、招牌等。

4.以不動產提供本公司擔保，並已辦妥抵押權設定者。

（註）：經銷店符合上項規定，須隨時接受本公司派遣人員的盤點存貨、陳列及銷售貨發票。

二、準專售店

如不能符合第一條 2、3 項專售店條件，但仍辦理。

三、獎勵期間

自××年×月×日起至××年×月×日止。

四、專售店獎金

凡專售店從本公司進貨，按年進貨金額淨值，發給下列進貨獎金。

年進貨淨領	獎金百分比
600 萬元以上（合）	3.0%
480 萬元～600 萬元（不含）	2.7%
360 萬元～480 萬元（不含）	2.4%
300 萬元～360 萬元（不含）	2.1%
240 萬元～300 萬元（不含）	1.8%
180 萬元～240 萬元（不含）	1.5%

但如專售未滿一年，其適用獎金級數，以專售實際月份平均金額乘以 12 個月，得出適用級數。

五、準專售店獎金

準專售年進貨淨額獎金百分比如下：

年進貨淨額	獎金百分比
480 萬元以上（含）	2.0%
360～480 萬元（不含）	1.5%
240 萬元～360 萬元（不含）	1.0%

未滿一年者，其計算方法如專售店獎金計算方法。

六、不動產抵押獎勵經銷店以不動產提供本公司抵押者，本公司年支付抵押額的 1%為獎勵。其計算方式為自手續辦妥起算，未滿一年者折月計算。

七、專售店車輛贈送

車輛贈送對象以專售店為限。

以專售店進貨淨額的 1%，購買贈送車輛。如果累積進貨淨額的 1%已達購買車輛之需，即可提出申請，但須依下列規定辦理。

1. 須依本公司標準噴漆圖樣噴漆，並保持 3 年。

2. 須累積進貨淨額的 1%，已達到購買車輛之需後，才可申請，不得約定將來進貨額，先提出申請。

3. 申請車輛種類，限於 360cc 汽缸容量及以上的四輪車。

4. 累積年進貨淨額，在××年度內有效。

◎經銷店提前付款獎勵辦法

一、獎勵對象

與本公司簽有經銷合約的經銷店。

二、獎勵期間

××年元月1日—××年×月×日。

三、獎勵標準

	付款日期				
進貨日期	5月	10日	15日	20日	月底
獎勵率	4%	3%	2%	1%	不獎勵亦不追繳滯納違約金

四、獎勵條件

1. 凡不願享受提前付款獎勵的經銷店，得以進貨次月底的期票支付貨款，若超過該期限或再拖延付款者，依超過日期按日追繳滯納違約金萬分之八（0.08%）。

2. 享受提前付款獎勵時，不得有其他應兌未兌貨款存在，否則應待該筆貨款兌現後，再行獎勵。

五、獎金發放

1. 全年分三次發給，即5月、9月及××年元月。

2. 經銷店憑有本公司抬頭的發票以進貨折讓名義領取。

◎新客戶付款優待辦法

一、優待對象

××××年度始與本公司交易的新客戶。

二、優待期間

××××年度內開始與本公司交易的首三個月。

三、合乎優待的條件

1.××年度始與本公司交易的新客戶。

2.簽有××年度銷售目標。

3.具備抵押。

四、付款優待辦法

新客戶合乎優待條件者，××××年度內開始與本公司交易的首三個月，其貨款本公司得給予下列的付款優待：

付款日期	進貨 次月底	進貨次 次月 10 日	進貨次 次月 15 日	進貨次 次月 20 日	進貨次 次月底
提前付款獎勵率	4%	3%	2%	1%	不獎勵亦不追繳滯納違約金

五、備註

本辦法不正式公佈，授權各分公司經（副）理靈活運用。

◎主力產品促銷辦法

一、對象

全省加盟店。

二、促銷期間

××××年1月1日至××××年6月30日。

三、促銷產品

四、促銷辦法

凡承購上列產品，每滿5萬元為一口（以批價計算），每口分贈按序編號彩券一張，供核對××××年×月×日開獎的福利獎券第一特獎號碼。

國際金獎：尾三字相同者得×××。

國際銀獎：尾二字相同者得×××。

國際銅獎：尾一字相同者得×××。

銘謝獎：未中獎者各得×××。

五、附則

該主力產品金額併入國外旅遊促銷內，有雙重獎勵的優待。請踴躍認購。

◎機關團體分期付款獎勵辦法

一、獎勵對象

與本公司簽有合約的經銷店。

二、獎勵時間

年　月　日～　　年　月　日

三、獎勵辦法

1.機關團體分期付款的定義：

凡機關團體編制內的正式員工集中購買公司產品，經本公司營業人員事先以「機關、團體分期付款申請書」呈報批准。

2.傭金：

⑴以每月每件推介銷售額計算傭金。

⑵每月每件推介銷售額是以同一機關團體為計算單位，不同的機關團體不得合併計算。

⑶傭金是含支付該機關團體的福利金在內。

⑷每月每件推介銷售額在 20 萬元以下者仍按一般傭金標準計算（即：3%）。超過 20 萬元以上者，按下列標準支付。

四、備註

機關團體分期推介銷售額仍列入計算「季累積推介獎金」。

每月每件推介銷售額	傭金
71 萬及以上	5.0%
51 萬～70 萬	4.7%
41 萬～50 萬	4.5%
31 萬～40 萬	4.0%
21 萬～30 萬	3.5%
20 萬及以下	3.0%

◎經銷店辦理分期付款支援辦法

一、支援對象

凡與本公司簽約經銷二年以上，且辦妥抵押，信譽好，經本公司核定支援的經銷店均屬此範圍。

二、支援範圍

以分期付款購買公司品牌家電製品為限，機關團體整筆貸款的購買不包括在內。

三、支援金額

各店每月申請支援金額，最高不得超過該店當月實際進貨淨額 50%，最低不得低於 15 萬元。

四、支援辦法

1. 支援金額，是按各店當月實際辦妥直接購買公司××品牌家電製品的銷售台數批發價計算的。

2. 支援金額是每月核計，經銷店不得要求累積計算。

3. 支援金額的付款辦法，規定如下：

⑴按支援金額開立 12 張支票。

⑵每張支票的付款日各間隔一個月，自申請核准後當月五日，為第一張支票付款日。

⑶每張支票付款的比例為：第一張 12%，其餘每張 8%。

4. 凡受本公司資金支援的分期付款金額，一律不得享受付現獎勵優待，但得列入銷售額核算完成率。

5. 享受本辦法優待的經銷店，每月 25 日前須將各店當月已辦好×××牌家電製品分期付款的購買人名冊及購買人本票彙送本公司，作為擔保並為抽查的依據。

6. 各店支援金額所開立的支票，如有延票、退票或分期付款的購買名冊，發現有虛偽作假者，除立即中止享受本辦法優待外，並須將未到期票據的貨款及延期付款的違約金每日萬分之六，一次性償付本公司。

五、申請手續

每月 25 日前由經銷店填寫當月辦妥「××家電製品分期付款購買資金支援申請書」，連同購買人名冊等，彙送各區業務員轉分公司核定後，即於當月貸款內享有資金支援優待。

六、實施時間

自×××年×月×日起至×××年×月×日止暫定×個月。

七、備註

有關經銷店辦理分期銷售的業務及購買人名冊等單據的抽查核定工作，請各分公司營業科嚴格執行，公司各有關部、科隨時加強不定期的抽查。

◎經銷商聯誼會實施辦法

一、宗旨

1. 促進全體經銷商業務的不斷擴展。

2. 增進經銷商彼此間的協調合作。

3. 維護市價，確保經銷商正常利潤。

4. 協調經銷商與本公司間的意見溝通與經營心得交流。

二、組織

1. 凡屬××公司各區經銷商繁榮促進聯誼會的主任委員、委員等均為本會會員。

2. 本會設主任委員一名，副主任委員若干名，由各委員互選的，經××××年××月××日第一次籌備會議選舉結果。

3. ××公司指派業管科科長為本會總幹事，協助拓展會務。

三、實施內容

1. 本會一年定期召開全省性會議兩次，由主任委員主持，預訂於××月及××月舉行。地區性委員會每月定期召開一次，由該區主任委員主持。

2. 本會各項會議記錄，由××公司印發全省（地區）經銷商參閱。

3. 開會時間、地點、議題由××公司適當選定後，通知各委員與會。

4. 每次開會時，××公司應指派營業部、企劃部的經（副）理人員參加。

5. 其他聯誼活動，得由各委員作成決議後，請主任委員建議××公司採用。

四、經費

全省性委員會每次開會除由××公司補助來回車資及膳宿費外，並發給開會費 500 元。

地區性委員會每次開會所發生費用由區聯誼會的基金斟酌撥發。

五、附則

本辦法經本會××××年××月××日通過決行。

◎經銷店促銷活動「相對基金」支援辦法

一、計畫目的

1. 強化經銷店經營理念，鼓勵其積極對消費者舉辦促銷活動，以擴大商圈。

2. 提高本品牌在各地區的知名度，擴大市場滲透度。

3. 誘導消費者指名購買本公司產品，提高本產品在市場的佔有率。

二、支援條件

1. 凡本公司經銷店簽有年度銷售目標者。

2. 經銷店於申請當時的累積工作成績完成率（自××××年××月××日起核算）至少達 80%以上。

3. 經銷店須舉辦以消費者為中心的促銷活動，限以下方式：

⑴地區性本公司產品展銷活動。

⑵編制顧客名錄。

⑶對顧客作技術服務活動。

⑷DM 函及其他媒體廣告（電話、電臺、電影院、報紙、雜誌及其他印刷物）。

⑸週年紀念、年節、歲末感謝顧客的贈品活動。

⑹音樂欣賞、顧客聯誼活動

⑺影藝欣賞、音響試聽會。

⑻郊遊、旅遊、露營、園遊會等戶外活動，如美容講習、插花、烹飪等。

4. 經銷店所舉辦的促銷活動，須於事前經由市場開拓隊員或業務員填寫促銷活動計畫書向本公司提出申請。

三、支援方式與標準

1. 凡申請支援的促銷活動，合乎支援條件時，本公司在支援限額內，以相對等基金方式，半額補助給予支持。

2. 最高支援限額由本公司就申請者的地區、級別、經營水準、潛力、協力度、促銷內容、預期效果等斟酌核定。

四、執行單位

1. 以市場開發為主，實際輔導。

2. 營業部、企劃部、促進課協辦。

五、經銷店促銷「相對基金」申請辦法

1. 申請：市場開拓人員或業務員協同經銷店填妥「促銷活動計

畫書」一式兩聯依以下流程轉送企劃課。

→分公司經理→轉企劃科呈核，市場開拓人員實施。

2. 初核：企劃科接到「促銷活動計畫書」後，依活動內容及預估促銷費用，核定可予支援的「促銷相對基金」。呈核後將活動計畫書的第二聯交市場開拓部，做為輔導經銷店實施活動的依據。

3. 請款：活動結束後，由市場開拓人員協同經銷店填妥「促銷活動費用明細表」，並出示：

⑴費用憑證（發票等）。

⑵促銷物、贈品場地照片。

⑶印刷物樣品（廣告、宣傳單等）轉交企劃科。

4. 覆核：企劃科依費用明細表及費用憑證、照片或印刷物樣品等，審核實際應發給的促銷相對基金，經呈核後按公司規定發放。

⑴若實際促銷費用≥預估促銷費用時，則在支援限額內，以相對基金方式核發。

⑵若實際促銷費用＜預計促銷費用時，則按實際促銷費用的半額核發。

5. 發放方式：經銷店憑印有本公司名頭的發票，以進貨折讓名義領取。

6. 注意事項：

1. 有關經銷店為促銷活動自行購買或自行處理的促銷物，如贈品、報紙廣告等規定如下：

①自製的各種促銷物，必須具有本品牌字樣，否則不予承認。

②報紙廣告及印刷物的刊登，於刊登或印製前，必須將原稿寄予本公司核稿。本公司將按本牌商標及刊登，於刊登或印製前，必須將原稿寄予本公司核稿。本公司將按本品牌商標及本品篇幅的大

小，醒目程度，而審核補助金額。

⑵若經銷商所得的促銷相對基金支援額少於實際促銷費用一半，而至××××年底其一年銷售額達目標的80%以上者，視促銷相對基金許可的範圍內，核算補發其差額。

7.以上申請辦法，於××××年××月底前有效。

◎經銷商竄貨管理方案

一、竄貨現象分析

(一)同一市場內的竄貨現象

1.同一市場內的竄貨主要是總經銷下面的二級批發商所為，主要表現在：

(1)某二級批發商將貨倒到另一二級批發商的下家；

(2)某二級批發商將貨倒到另一二級批發商；

(3)某二級批發商將貨倒到另一二級批發商的下家，反之相同，互相倒；

(4)某二級批發商將貨倒出該市場，貨物外流。

2.竄貨採取的方法有降價、加大促銷力度、送貨上門、搭贈緊俏貨等。

3.竄貨的貨源有出自同一總經銷的，有從其他二級批發商處進的，有從外地經銷商處進的，也有從廠家直接進的，各有各的管道，但主要以小宗貨物為主。

以上對企業而言，從短期看市場佔有率是提高了，但伴隨著這種提高的往往是市場價格下滑、促銷費用攀升、顧客忠誠度下降、市場基礎鬆動等結果，一旦有強有力的競爭對手進入市場，就很容易受挫。不過這個時期顧客得到了很大的實惠，忠誠度提高，如果產品品質穩定，不出問題，市場基礎還能維持一段時間，一旦品質下滑，競爭對手大舉進攻，就會出現嚴重問題。

(二)不同市場之間的竄貨現象

在不同市場之間的竄貨主要是兩個同級別的總經銷之間相互竄貨，更有甚者是同一公司的不同分公司或業務員在不同市場之間相互竄貨。

1. 主要表現在以下五個方面。

(1)甲地總經銷商將貨倒到乙地某一經銷商處，再由該經銷商分銷到乙地總經銷商的下家。

(2)甲地總經銷商將貨倒到乙地某一經銷商處，乙地總經銷將貨倒到甲地某一經銷商處，相互倒貨。

(3)甲地總經銷商將貨倒到乙地總經銷商處。

(4)甲地總經銷商直接將貨分銷到乙地總經銷商的下家。

(5)分公司或業務員之間相互竄貨，由甲地分公司或業務員將貨倒到乙地總經銷商處，或其他經銷商處。

2. 竄貨採取的方法主要是降價、加大促銷力度、送貨上門、搭贈緊俏貨物等。

3. 竄貨的貨源有的是從廠家直接提貨，有的則是從其他經銷商或其他分公司提貨。這類倒貨都是大宗貨物。

在不同市場之間竄貨對廠家來說無利可言；對被倒市場而言造成了價格混亂，市場佔有率沒有明顯的變化；對被倒市場的總經銷來說則降低了銷售額，降低了市場佔有率，其分銷商的忠誠度受到影響。此時存在的最大危險是經銷商的流失。

(三)在交叉市場之間的竄貨現象

交叉市場即市場區域重疊，因為只要市場有交叉，就肯定會出現竄貨現象，並且還不容易解決。

1. 此種類型的竄貨現象可以說是集中了前兩類市場所有的倒貨形式，總經銷商之間相互倒、分公司或業務員之間相互倒、二級批發商之間相互倒等。

2. 竄貨採取的方法也同前兩類一樣，或降價，或加大力度促銷，或送貨上門，或搭配緊俏貨。

3. 貨物來源也各有各的管道，有大宗的，有小宗的，令人防不勝防。

4. 此類局面控制好了，就是雙贏；控制不好就會兩敗俱傷，價格下滑，並影響到週邊市場，形成連鎖反應。

二、竄貨原因分析

(一)經銷商竄貨

在對竄貨現象進行深入剖析後可以看出，貫穿竄貨全過程的只有一個字——利。具體分析，經銷商竄貨的原因主要有以下幾種。

1. 多拿促銷費、多拿回扣。經銷商為了增加銷售額、多拿促銷費、多拿回扣，在附近的區域內無法達到一定的目標時，就很自然地選擇了跨區域銷售，產生了竄貨。

2. 搶奪地盤。經銷商在交叉市場之間倒貨的誘困主要是為了搶奪更多的高層，形成更大的銷售，取得更多的利益。

3. 處理品。一些企業由於售後服務跟不上，造成貨物積壓又不予退貨，讓經銷商自行處理。經銷商為了減少損失，就將產品拿到暢銷市場上出售，從而形成竄貨。處理品的來源也很多，有積壓的、過期的、變質的、抵債的等。

4. 帶貨銷售。有不少經銷商往往利用暢銷的產品降價所形成的巨大銷售力來帶動不暢銷的產品或是利潤高的產品的銷售。

5. 銷售任務過高。有的生產商明知經銷商完不成，但為了經銷權、高額回扣、特殊獎勵等，還是下達了過高的任務。完不成任務時，經銷商也就只有竄貨或囤積了。

6. 市場報復。當一些經銷商的利益因為種種原因受到觸動時，便利用竄貨來破壞對方的市場，報復對方。這是一種純粹的破壞行為，尤其是在生產商挾客戶時期最容易出現此類惡性事件，不可不防。

(二)生產商竄貨

1. 利潤空間過大。利潤空間過大表現在兩個層次上：一是廠家的利潤空間過大；二是經銷商的利潤空間過大。

2. 價格管理混亂。在開發新產品市場時，往往有一些特惠的價格政策出現，一些享受特惠價格政策的區域，就很容易產生竄貨。

3. 銷售管理不力。對於竄貨資訊回饋不及時或是處理不嚴，也有可能留下竄貨隱患。

三、預防竄貨措施

××企業在分析了竄貨現象發生的三種類型和基於經銷商及生產商方面的原因後，重點對經銷商採取了以下預防竄貨措施。

(一)根據區域銷售特點來預防竄貨

1. 不同的區域，由於其生活環境及消費水準的差異，在消費習慣上存在很大的差異性。也就是說，在區域市場甲暢銷的產品，到了區域市場乙就可能會滯銷。

2. 如果發現乙區域經銷商有竄貨的企圖，就要及時與乙區域經銷商進行溝通，預防其竄貨。

(二)重點客戶，重點防範

對於一些經常竄貨的管道成員，由於其竄貨手段較為隱蔽，每次都將廠家各項防範措施(如外包裝條碼、區域標誌等)先破壞後，再將貨竄到其他區域去，使得廠家因沒有充分證據而不了了之。對於此類管道成員，應對其貨物在常規防範措施上再增加一些特殊措施。

(三)開拓保護區，與當地工商部門聯合打擊

由於經銷商的努力，有時個別產品在某地會處於暢銷狀態。因此，為了維護經銷商的利益和增加銷售，就要對這部分區域進行特別保護，以防止由於竄貨造成市場混亂，造成嚴重損失。

1. 本企業可以實行區域專賣，專門為這些區域商家開發專銷產品，與其他經銷商的產品區別開來。

2. 開闢一個隔離帶，在數百公里的隔離帶中不准許經銷某一區域的暢銷品牌。

(四)嚴懲業務人員竄貨，規範經銷商行為

1. 業務人員對自己轄區內經銷商能銷多少貨、銷什麼貨、貨銷到那裏、怎麼銷都應該有一定的預測及把握。因此經銷商是否竄貨，業務人員應該是非常清楚的。因為有時個別素質低下的業務人員也會協助經銷商進行竄貨。

2. 一旦查出竄貨行為，則立即對該業務人員做出嚴肅處理，並且對所竄產品的銷售額以一定比例列入被侵入區域的銷售額中，同時將區域內的竄貨控制與業務人員的績效考核掛鈎。

(五)合理配置經銷商網路資源

1. 重視對行銷網路的建議與管理，多考慮經銷商選擇是否合理，是否會衝擊市場，二級經銷商的管理是否到位等，合理配置網

路資源。

2. 以「板塊市場」為中心，一級經銷大戶為核心，依靠一級經銷商及各級行銷人員的參與，對一級經銷大戶的二級經銷商進行管理、控制、服務和指導，同時在原有網路結構的基礎上優化整合部分一級經銷商。

3. 突出以大戶為中心，構建較為完善的「板塊市場」。

4. 考察經銷商網點區域佈局是否合理時，要綜合考慮經銷商的經濟實力，軟硬體措施及城際交通等因素。

5. 要求經銷商全年形成平衡銷售，在「板塊市場」網路內的經銷商的銷售時段分佈要與企業銷售目標、序時進度相一致。要符合產品的淡、旺季銷售規律，呈現平衡發展。

6. 各級行銷人員對「板塊市場」的網路管理、控制、服務要及時、到位、有效。

7. 幫扶一部分有實力的經銷商構建佈局合理、健全完善的行銷網路體系。

8. 通過合理佈局，一方面增強市場競爭力，一方面也能有效預防竄貨現象的發生。

(六)優化產品，建立規範、合理及穩定的價格管理體系

1. 市場行銷部門加強對產品銷售資訊的收集與研究，對暢銷的產品要研究其銷售態勢，對部分產品進行歸類經營。

2. 通過分析，有目的地調整市場，同時加強對經銷大戶的出貨管理，保證各地經銷商具備相同的價格基準。

(七)堅持以現款或短期承兌結算

1. 從結算手段上控制經銷商因利潤提前實現或短期內缺少必要的成本壓力而構成的竄貨風險。

2.建立嚴格有效的資金佔用預警及調控機制，根據每個經銷商的市場組織能力、分銷週期、商業信譽、支付習慣、經營趨勢以及目標市場的現實容量、價格彈性程度、本品牌的市場佔有率等各項指標，設立發出貨品資金佔用評價體系，以使銷貨的控制完全量化，將發出貨品的資金佔用維持在一個合理的水準。

(八)合理地運用涉及現金的激勵和促銷措施

1.綜合多項指標進行銷售獎勵。

2.除了銷售量外，還要參考價格控制、銷量增長率、銷售盈利率等指標。

3.把是否竄貨也作為獎勵的一個考核依據。

4.返利最好不用現金，多用貨品以及其他實物。

(九)提高銷售數量預測的準確度，制定合理的銷售目標。

(十)結合經銷商的實際情況，制定合理的年終銷售目標。

心得欄 ------------------------------

第 5 章

行銷部的產品價格管理

◎產品定價管理制度

第 1 章　目的

第 1 條　為了使產品定價科學化，制定流程規範化，特制定本制度。

第 2 章　影響產品定價的因素

第 2 條　企業的行銷目標

與產品定價有關的行銷目標有：維持企業的生存、爭取當期利潤的最大化、保持和擴大產品的市場佔有率等。不同的目標決定了不同的定價策略和定價技巧。

第 3 條　產品成本

產品成本是產品價格的最低限度，產品價格必須能夠補償產品生產、促銷和分銷的所有支出，並補償總公司為產品承擔風險所付出的代價。

第 4 條　企業行銷組合策略

定價策略必須與產品的整體設計、銷售和促銷決策相匹配，形成一個協調的行銷組合。

第 5 條　市場需求

產品成本決定了產品價格的最低限度，市場需求卻決定了產品的最高價格。

第 6 條　顧客的考慮

產品定價時必須瞭解顧客購買產品的理由，並按照顧客對該產品價值的認知作為定價的重要參考因素之一。

第 7 條　競爭因素的考慮

顧客在購買產品時，一般都會在同類商品中從產品的性價比、產品包裝等多方面進行比較，因此，企業在定價時，應參照競爭對手的產品價格，以保證產品的銷售。

心得欄 ------------------------------

第 3 章　產品定價管理流程及其相關說明

第 8 條　產品定價管理大致可以分 6 個步驟。

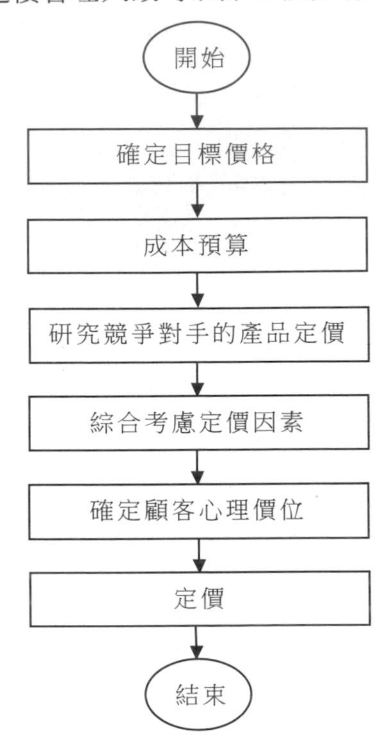

第 9 條　財務部會同生產部門、技術部門、行銷部門及其他相關部門人員收集成本費用數據，計算產品生產的各種成本和費用，包括生產總成本、平均成本、邊際成本等。

第 10 條　市場行銷部對市場上的同類產品進行價格調查分析，主要包括生產廠家、產品型號、市場價格、銷售情況等方面，尤其是本企業競爭對手的情況。

第 11 條　市場行銷部對新產品的銷量進行分析預測並結合企業的實際情況，提出新產品的幾種定價方案，分送企業高層予以審核。

第12條　由市場行銷部組織，財務部、生產部等部門參加，會同公司高層最終確定產品價格。

第4章　估價

第13條　準確掌握市場訊息

在定價以前，要儘量掌握顧客及競爭對手的情報資料，並對其進行分析研究，為制定綜合性的定價方案做好準備。

第14條　估價要求

(1)本企業估價活動必須遵守本制度。

(2)新產品、改良產品應由產品管理部門、生產管理部門或其他部門累計成本後，再予以估價。

(3)估價的方式，必須經有關專家確認後方可擇定。

第5章　訂貨價格

第15條　本部分旨在為行銷人員接受訂貨的價格確定明確的規範。

第16條　價格管理專員根據確定的價格水準，編制成本表和銷售價格表，並負責檢查、確認行銷人員交付的訂貨單上的價格是否正確。

第17條　接受訂貨價格由行銷人員和總經理決定。

第18條　行銷人員在確定接受訂貨價格時，需兼顧本企業和客戶的利益，以免任何一方的利益蒙受損失。

第19條　在接受訂貨時，行銷人員應認真調查客戶的支付能力，以避免貨款無法收回。

第 20 條　行銷人員依據自己的判斷，能夠決定訂貨價格的範圍包括：以企業統一確定的價格接受訂貨；訂貨額在____萬至_____萬元之間，且降價幅度為_____%的標準品的訂貨；訂貨在_____萬元以內，且降價幅度為_____%的標準品的訂貨。

第 21 條　訂貨單由行銷人員交市場行銷部門審核。

第 22 條　特別價格。下列各種情況行銷員無權自行決定訂貨價格，需由總經理審議決定：非標準、品折價銷售；外購產品；因產品品質問題要求降價銷售；因交貨時間遲延而要求降價銷售；因大批量訂貨而要求降價銷售；特別訂貨品；新產品訂貨等。

第 23 條　訂貨價格決定在上述任何一項情況下，行銷人員都需向市場行銷部提交訂貨單，並由市場行銷部經理審查。

◎產品價格調整制度

第 1 章　價格調整方法

第 1 條　調整價格

提價的原因如下表所示。

提價的原因

提價原因	原因描述
成本膨脹	成本提高使利潤減少，故企業需反覆提價。由於預期未來將繼續發生通貨膨脹，所以企業提價的幅度往往高於成本增長的幅度
需求過旺	企業在無法提供客戶所需要的全部產品時，可以提價，對客戶實行產品配額，或者雙管齊下
管道管理不善	為了防止客戶間惡性降價與竄貨，引起市場價格混亂，企業必須提高價格，重新優化網路建設，保證長期盈利

降價的原因

降價原因	原因描述
生產能力過剩	企業需要擴大業務，但增強銷售力度、改進產品或者採取其他可能的措施都難以達到目的。這時企業會採用攻擊性降價的方法來提高銷售量
市場佔有率下降	面臨激烈的市場競爭，企業丟失了市場佔有率，因此採取更有攻擊性的降價行動作為反擊
成本下降	成本減少，產品的價格應該相應下調
其他原因	如市場價格下跌、競爭對手降價、經濟衰退等

第 2 章　價格調整策略

第 2 條　價格調整主要有 4 種策略，其各自包含的具體內容如下表所示。

價格調整策略說明

調整策略	主要形式	相關說明
折扣和折讓	數量折扣	主要指刺激客戶大量購買而給予的一定折扣，購買量越大，折扣就越大 (1)折扣數額不可超過因批量銷售所節省的費用額 (2)數量折扣可按每次購買量計算，也可按一定時間內的累計購買量計算
	功能折扣	即貿易折扣，是企業給中間商的折扣。不同的分銷管道所提供的服務不同，給予的折扣也不同，因為批發商和零售商的功能不同，所以折扣也不同
	折讓	是折扣的另一種類型，如舊貨折價減讓是在顧客購買一件新商品時，允許交換同類商品的舊貨
	現金折扣	在賒銷的情況下，企業為鼓勵買方提前付款，按原價給予一定折扣
	季節折扣	也稱季節差價，是企業為均衡生產、節省費用和加速資金週轉，鼓勵客戶淡季購買(如夏季購進絨衣)，按原價給予一定的折扣
心理定價	參照定價	利用顧客心目中的參照價格定價
	奇數定價	即尾數用奇數 3、5、7、9 定價，特別是「9」可給顧客一種價廉的感覺
	聲譽定價	把價格定成整數或高價，以提高聲譽
	促銷定價	利用顧客心理，將某幾種商品定為低價(低於正常價格甚至低於成本)，或利用節假日和換季時機，把部分商品按原價打折出售，以吸引顧客，促進全部商品的銷售
地區性定價	區域定價	將產品的銷售市場劃分為兩個或兩個以上的區域，在不同的區域採取不同的價格
	FOB原產地定價	由企業負責將產品裝運到原產地的某種運輸工具上交貨，並承擔此前的一切風險和費用。交貨後的一切費用和風險包括運費由買方承擔
地區性定價	基點定價	由公司指定一些城市為基點，按基點到顧客所在地的距離收取運費，而不管貨物實際的起運地點
	統一交貨定價	對不同地區的顧客實行統一價格加運費，運費按平均運費計算
差別定價	根據實際確定	1. 不同時間定不同價格　2. 不同花色、式樣定不同價格 3. 不同顧客群定不同價格　4. 不同區域定不同價格

第 3 章　產品提價實施要點

第 3 條　正確的提價必須做好經銷商、分銷商及終端層面與顧客層面的工作，具體內容如下表所示。

產品提價實施要點

兩個層面	實施要點
經銷商、分銷商及終端層面	1. 提價前儘量使經銷商、分銷商以及終端賣場的庫存量較小，這樣能夠保證商業企業間的平衡，使提價具有逼迫感 2. 提價必須一步到位，統一整個區域 3. 提價後可以採取一定的促銷活動，同時加強其他管道的助銷工作
顧客層面	1. 淡季提價，對銷量影響不大，輔之以一定的促銷活動能夠吸引顧客注意力 2. 旺季提價，對銷量影響較大，要做好有效的促銷支援及其他相關工作

第 4 章　產品降價實施要點

第 4 條　降價分兩種情況：一種是由行銷人員自行判斷決定；另一種是要經過必要的申請手續。

第 5 條　行銷人員自行判斷降價適用於以下情況。

(1)客戶支付額中未足×元的尾數。

(2)支付額達×萬元以上時，可以有××的浮動額。但讓利總額不能超過××元。

(3)支付額未滿×萬元，但在×萬元以上時，可以有××的浮動額，但讓利總額不得超過××元。

(4)支付額未滿×萬元時，降價幅度應在××元以內。

第 6 條　降價須有充足的理由和經過嚴格的核算。

第 7 條　實施降價銷售時，必須填寫降價銷售業務傳票。

第 8 條　申請降價銷售

(1)大量訂貨、特殊訂貨及客戶降價的要求超出規定限額時，行銷人員須提交降價銷售申請。

(2)降價銷售申請提交給行銷部，由行銷部轉交上級審批。特殊情況下，可通過電話請求總經理裁決。

(3)電話申請批復時，行銷人員須補送降價銷售申請。

第 5 章　降價洽談

第 9 條　在大批量訂貨和特殊訂貨的情況下，客戶若提出降價要求，行銷人員如認為理由充足，且降價要求在本企業指定限度內，可自行決定降價。

第 10 條　如客戶的降價要求超出企業規定的降價限度，行銷人員應講明自己無權決定，然後可請示上級，並要求對方壓低降價幅度。

第 11 條　如非降價銷售品，行銷人員應拒絕。

心得欄 --

◎產品價格管理流程

1. 產品定價管理流程圖

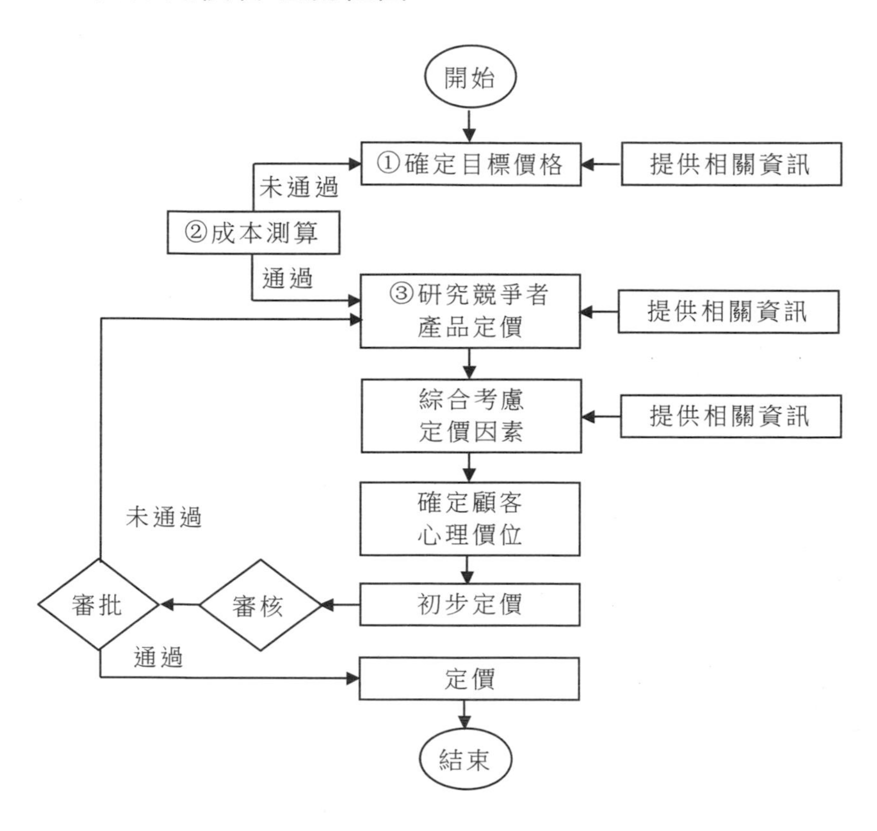

2. 產品價格調整流程圖

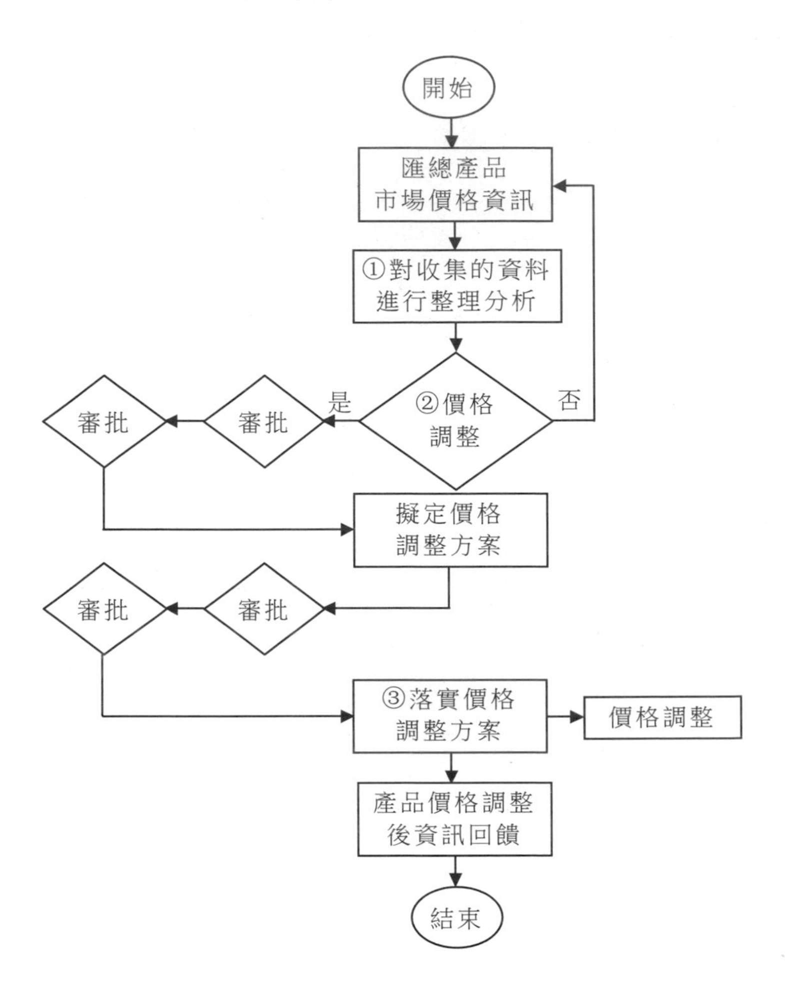
開始
匯總產品
市場價格資訊
①對收集的資料
進行整理分析
②價格
調整
是
否
審批
審批
擬定價格
調整方案
審批
審批
③落實價格
調整方案
價格調整
產品價格調整
後資訊回饋
結束

◎新產品定價實施方案

新產品定價得當，可使其順利進入市場，打開銷路，給企業帶來利潤；就可能招致失敗，影響企業效益。

一、新產品定價考慮的因素

影響新產品價格的因素如下表所示。

影響新產品價格的因素

考慮因素	說明
經營目標	產品的定價策略是以企業的經營目標為前提和轉移的
政策法規	隨著市場經濟的發展，政府會制定相關的政策和法規，採取各種措施建立價格管理體制
產品成本	任何產品的定價都離不開成本，成本包括營運成本、原料成本、固定設施成本、人力資源成本和行銷成本等等
產品種類	一般可以將產品分為兩大類，即有差異的產品及標準化的產品，在產品投放初期，產品之間會有差異，一旦競爭對手進入市場，該產品就會變成標準化產品，沒有實質性的差異
分銷管道	市場的覆蓋程度會影響到產品的價格水準，如密集分銷商會導致價格降低
技術變化	技術創新能帶來更多的便利，提升產品的性能，可能會將一個技術先進的產品提高到一個較高的價格水準
產品生命週期	產品生命的不同階段，其價格是有所不同的。如產品的介紹期，可以採取高價位的定價策略；產品的成長期，可以適時地採取低價位的定價策略來吸引顧客
競爭因素	如競爭對手產品策略、產品可替代性的強弱等
顧客心理	它是定價時最不容易考察的一個因素，也是必須考慮的重要因素之一

二、新產品定價策略分析

(一)撇油定價策略

這是一種高價格定價策略，是指在產品生命週期的最初階段，將新產品價格定得較高，在短期內獲取豐厚利潤，儘快收回貨款。

在新產品上市之初，企業的競爭對手尚未擁有該種產品，顧客對新產品尚無理性的認識，利用顧客求新求異的心理，以較高的價格銷售，可以提高產品品位，創造高價、優質等品牌形象。但這種定價策略不利於市場開拓、增加銷量，不利於佔領和穩定市場，有一定的風險性。

(二)滲透定價策略

這是與撇油定價策略相反的一種定價策略，屬於低價格策略，即在新產品引入之初，企業將新產品的價格定得相對較低，吸引大量的顧客，以利於被市場所接受，迅速打開銷路，提高市場佔有率。

該策略用低價可以使新產品儘快為顧客所接受，並借助大批量銷售來降低成本，獲得長期穩定的市場地位。但這種定價策略投資見效慢，風險大，一旦滲透失利，企業將很難回收該批產品的貨款。

(三)滿意定價策略

這是一種介於撇油定價策略和滲透定價策略之間的定價策略，它以獲取社會平均利潤為目標。

該策略所定的價格比撇油價格低，比滲透價格高，是一種中間價格。制定不高不低的價格，既能保證企業有穩定的收入，又對顧客有一定的吸引力，使企業和顧客雙方都對價格滿意。

三、新產品定價

在確定新產品價格水準的基礎上，根據公司銷售模式，設立不同銷售級別的價格管理體制。具體劃分標準如下表所示。

產品定價實施表

級別	分公司	批發價	零售價
產品價格	產品價格×××%	產品價格×××%	產品價格×××%

◎產品定價與估價的管理辦法

一、估價的準備

第一條　確定估價方式

1. 不管估價內容是否繁瑣，均要遵循本制度的規定。

2. 新產品、改良產品，應由製造部門、設計部門或其他部門累計成本後，再予以慎重地估價。

3. 估價的方式，必須經有關專家予以確認後方可擇定。

4. 銷售經理必須仔細看估價單。

第二條　充分瞭解有關情報

1. 估價單提出以前，必須儘量正確地收集顧客及競爭對手有估價競爭時的情報。

2. 要積極地使用各種手段來收集情報。

3. 必須慎重考慮有無洽談的必要及洽談的方式。

第三條　估價單的回收

1. 估價單提出後，必須保證正確而迅速的回饋。

2. 根據估價單的根，進行定期或重點研討。

二、訂貨價格的確定

第四條　本部份旨在為行銷人員接受訂貨過程中的價格決策確定明確的規範。

第五條　本公司的標準品、新產品和特殊產品的成本及銷售價格的確定，由成本研究委員會負責。

第六條　成本室根據成本研究委員會確定的價格水準編制成本表和銷售價格表，並負責檢查行銷人員交付的訂貨單所列示的價格是否正確。

第七條　訂貨價格的決定。

1. 由行銷人員自行決定。

2. 由總經理決定，或由成本研究委員會審定。

第八條　行銷員在確定定貨價格時，需兼顧本公司和客戶的利益及業務關係，避免任何一方受到損失。

第九條　在接受定貨時，應認真調查客戶的支付能力，以免貨款無法收回。

第十條　行銷員依據自己的判斷，能夠自行決定訂貨價格的範圍包括：

1. 以公司統一確定的價格接受訂貨。

2. 訂貨額在××萬元至××萬元之間，且降價幅度為×%的標準品訂貨。

3. 訂貨額在××萬元以內，且降價幅度為×%的標準品訂貨。

第十一條　定貨單由行銷人員交成本室申核後，報銷售主管核准。

第十二條　行銷人員在第七條規定範圍內進行折價銷售時，應填制「折價銷售傳票」，一式四份。

第十三條　折價銷售傳票處理流程

1. 折價銷售傳票，由行銷人員手存，以作折價銷售憑證之用。

2. 折價銷售傳票，由行銷人員交付客戶。

3. 折價銷售通知單，由行銷人員交付財務部。

4. 折價銷售統計單，由銷售主管轉交事務部作統計資料之用。

第十四條　特別價格

下列各項行銷人員無權自行決定訂貨價格，須由總經理或成本研究委員會審議決定。

1. 非標準品折價銷售。
2. 特別定貨品。
3. 因產品品質問題要求降價銷售。
4. 因交貨時間遲延而要求降價銷售。
5. 因大批量定貨而要求降價銷售。
6. 外購產品。
7. 新產品定貨。
8. 其他與上述各項相關的情況。

第十五條　訂貨價格決定

在特別價格各項中，行銷人員都需向成本室提交訂貨單，並經銷售主管審查。

銷售主管審定訂貨單內容後，屬1. 2. 3. 4.項內容的交總經理決定訂貨價格，屬5. 6. 7. 8.項內容的交成本研究委員會確定訂貨價格。

三、成本研究委員會

第十六條　為準確地確地定本公司產品價格，特設立成本研究委員會，委員會由下列成員構成：總經理(主任)、常務董事(副主任)、銷售主管(委員)、財務主管(委員)、採購主管(委員)、製造主管(委員)。

第十七條　會議時間

1. 例會。每月固定時間召開。

2. 臨時會議。需要緊急確定訂貨價格時召開。

產品定價分析表

產品名稱		顧客類型說明	

成本分析	成本項目	生產數量									
			%		%		%		%		%
	合計										

產品競爭狀況	生產公司	產品名稱	品質等級	銷售價格	估計銷售量	市場佔有率	備註

比較圖	單價佔有率					200 100 產品 10 20 30	定價分析	定價	估計佔有率	估計年銷售量	利潤率	利潤
								決定售價				

第 6 章

行銷部的廣告管理

◎廣告宣傳管理規定

第一章　主管單位

第一條　為使公司的廣告宣傳工作順利進行，特制定規定。

第二條　廣告宣傳工作由廣告部經理主管

第二章　工作內容

第三條　廣告宣傳業務的工作內容包括以下幾個方面：

（一）起草廣告宣傳方案；

（二）製作各種廣告張貼宣傳畫；

（三）與廣告公司進行交涉，聯繫廣告製作業務；

（四）對廣告效果進行測定與檢驗；

（五）開展市場調查；

（六）向公司內部徵集廣告創意，並對各種創意進行評價和選擇；

（七）各種用於有獎銷售、展示會、慶典的紀念品、贈品和禮品的設計、製作、購買；

（八）為銷售部門的業務工作提供幫助，協助銷售部門開展銷售工作。

第三章　收集創意與實施期

第四條　廣告部每位成員應不斷收集各種廣告創意和構思，以促進本公司廣告宣傳工作的發展。

第五條　廣告宣傳必須有計劃進行，廣告實施分為兩種：

（一）定期廣告，每年一次；

（二）臨時廣告，根據銷售情況具體確定。

第四章　預算與媒體

第六條　為了控制成本，必須事先對廣告宣傳的各項可能的開支（包括媒體的選擇，宣傳對象選擇，宣傳頻率確定）進行預算。

廣告宣傳費原則上不得超過經費預算委員會規定的範圍，在特殊情況下廣告宣傳費的超支，必須經董事會決議。

第七條　原則上採用下列廣告媒體。在征得總經理認可的情況下方可採用其他媒體。

（一）信封、明信片等郵寄廣告；

（二）掛曆、效率手冊等小禮品；

（三）交通廣告、廣告牌、霓虹燈；

（四）宣傳傳單、張貼畫、報刊、雜誌；

（五）收音機、電視機等電波廣告。

第五章　市場調查與效果評定

第八條　市場調查每年進行二次，調查結果或所獲情報資料，送交銷售部門參考，同時作為廣告部制定新廣告宣傳計畫的依據。

第九條　廣告效果主要反映在銷售收入上，但銷售收入的增減不一定與廣告宣傳直接相關。因此，對廣告效果的評定，除了「銷售收入」指標外，還必須進行多方面測評。

第六章　與廣告業主關係

第十條　努力與外部廣告業主搞好關係，增進相互間的聯繫和瞭解。外部廣告業主主要是：

（一）印刷業主；

（二）廣告代理商；

（三）紙張和其他材料供應者；

（四）紀念品、贈品和獎品生產者；

（五）各種展示會、展銷會組織者；

（六）其他廣告業主。

◎廣告宣傳業務規定

第一條　本規定旨在促進本公司廣告宣傳業務的發展。

第二條　本公司的廣告業務，由公共關係部負責推行。

第三條　公共關係部負責的業務內容如下：

（一）制定廣告宣傳計畫方案，包括選擇廣告宣傳的對象、方法、時間與費用等；

（二）製作廣告宣傳用品，包括廣告張貼畫，廣告牌，傳單等；

（三）實施廣告宣傳計畫，與廣告代理商接洽與交涉；

（四）為有效地開展廣告宣傳，進行市場調查；

（五）測定廣告宣傳的效果；

（六）對製造部和銷售部提供廣告宣傳效果方面的資料。

第四條 廣告宣傳計畫的制定工作由公共關係部部長負責。

（一）在制定廣告宣傳計畫過程中，必須聽取各相關部門的意見；

（二）計畫方案在實施之前，必須再次送交各有關部門徵求意見與建議。

第五條 在製作廣告宣傳用品時，必須選擇最佳的合作對象和宣傳用品。

在廣告宣傳過程中，應注意選擇效果明顯的廣告宣傳形式，包括獎品交換方法、提供旅遊等。

同時應注意費用的合理使用。

第六條 廣告宣傳分定期和不定期兩種，但都必須在廣告預算範圍內進行。同時，實施廣告宣傳之前應聽取廣告業務機構的意見，並根據業務情況委託廣告業務機構實施廣告宣傳。

第七條 廣告媒介原則上規定如下：

（一）報刊，雜誌，廣告張貼畫和傳單；

（二）郵寄廣告；

（三）電視和廣播；

（四）廣告牌與廣告設施；

（五）掛曆與效率手冊；

（六）其他經董事會臨時認可的廣告媒介。

第八條　為了有效地進行廣告宣傳，必須定期和不定期地進行市場調查。公共關係部在認為必要且適宜的時候，展開對外部的市場調查。市場調查的結果，必須有助於提高廣告宣傳工作。

第九條　公共關係部有義務對各部門提出建議，積極協助相關部門的工作，並收集與提供有利於銷售的各種創意與構思。

第十條　要對廣告宣傳效果作出評價與測定

（一）公共關係部須階段性地對外部廣告宣傳的效果作出調查與測評；

（二）廣告宣傳效果的測評分為定期和不定期兩種形式；

（三）把測定的結果寫成報告，交各相關部門傳閱。在必要的情況下，與各相關部門共同商討。

心得欄 ------------------------------------

◎廣告管理流程

1. 廣告預算確定流程圖

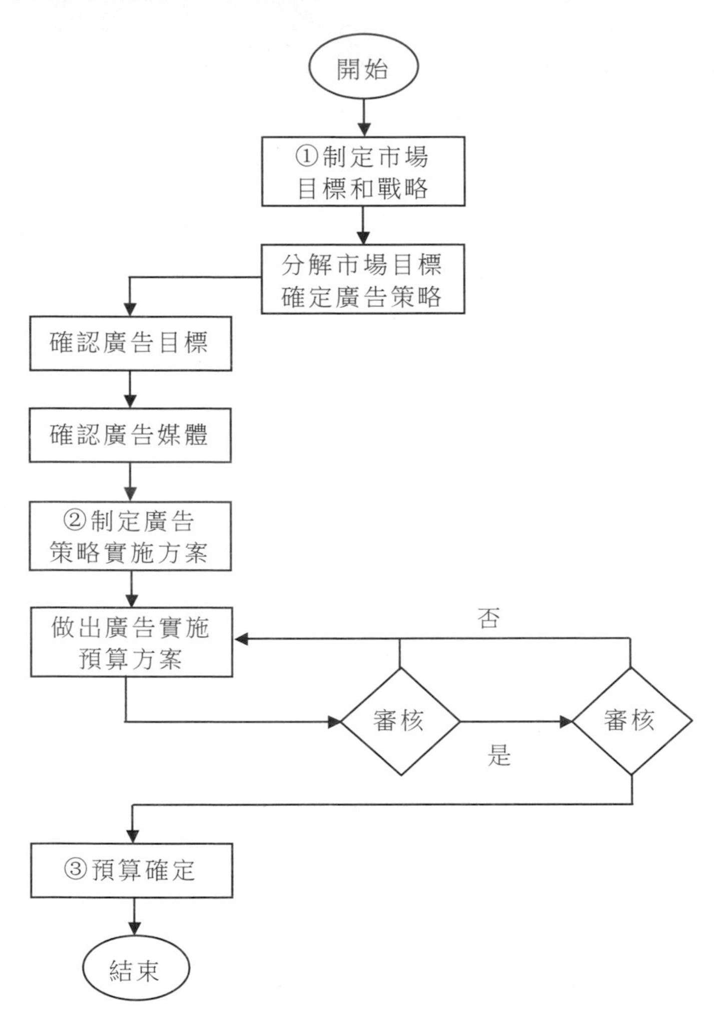

2. 宣傳物品製作流程圖

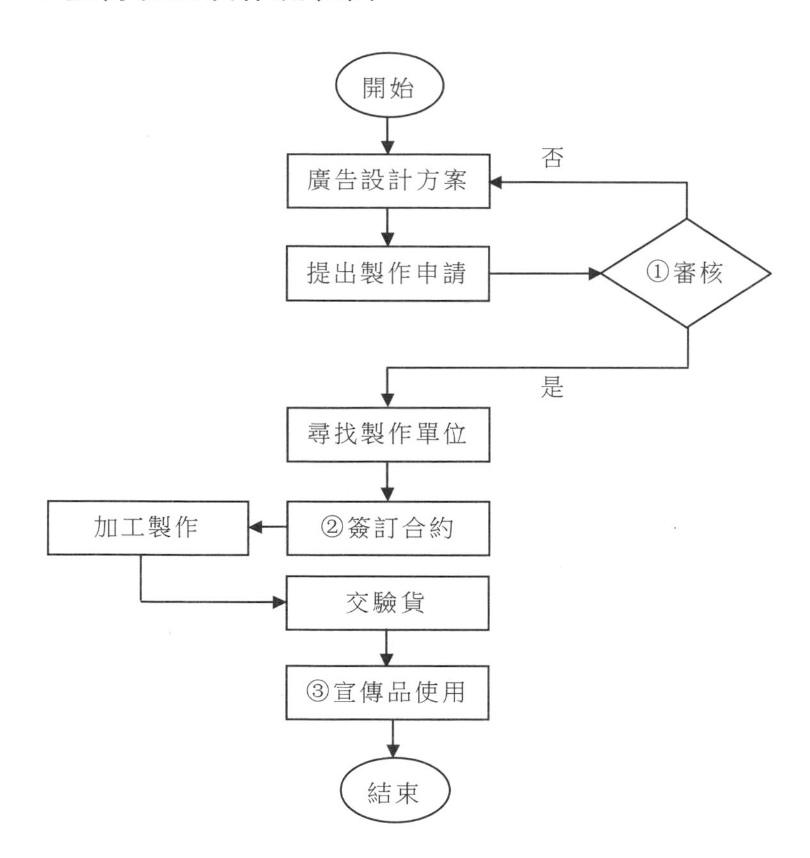

3.廣告媒體選擇流程圖

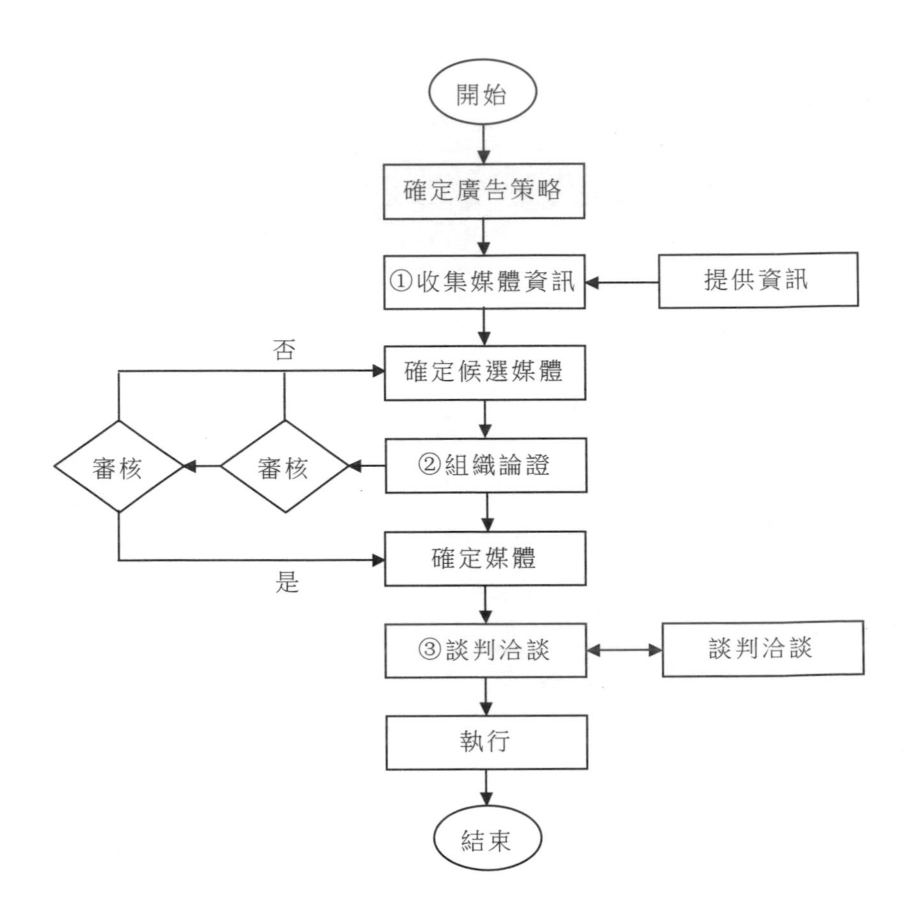
開始
確定廣告策略
①收集媒體資訊
提供資訊
否
確定候選媒體
審核
審核
②組織論證
確定媒體
是
③談判洽談
談判洽談
執行
結束

◎廣告宣傳管理制度

第 1 章　總則

第 1 條　目的

為使本企業的廣告宣傳工作能夠順利進行，將廣告宣傳效果達到最大化，特制定本制度。

第 2 條　基本原則

(1)戰略性原則

善於創造和把握廣告機會，分析機會存在的依據、特徵，確定把握機會的線索和行為規範，尋找和創造新的經營機會及經營領域。

(2)創新性原則

有效配置企業現有資源，不斷完善廣告宣傳方案。

(3)應變性原則

廣告宣傳要重視人的主觀能動性和自動適應性，根據市場環境和企業現有狀況，靈活地調整廣告宣傳活動。

第 2 章　宣傳計畫實施

第 3 條　宣傳工作計畫的制定

(1)廣告宣傳計畫的制定工作由廣告主管負責。

(2)在制定廣告宣傳計畫的過程中，必須聽取各相關部門的意見。

(3)計畫方案在實施之前，必須再次送交各有關部門徵求意見與建議。

第 4 條　廣告宣傳分定期和不定期兩種，但都必須在廣告預算範圍內進行。同時，實施廣告宣傳之前應聽取廣告業務機構的意見，並根據業務情況委託廣告業務機構實施。

第 5 條 廣告宣傳用品與廣告宣傳形式。在製作廣告宣傳用品時，必須選擇最佳的合作對象。在廣告宣傳過程中，應注意選擇效果明顯的廣告宣傳形式，包括獎品交換方法、提供旅遊等。

第 3 章 宣傳工作內容

第 6 條 起草廣告宣傳方案。

第 7 條 製作各種廣告宣傳畫。

第 8 條 與廣告商進行交涉，聯繫廣告製作業務。

第 9 條 對廣告效果進行測定與檢驗。

第 10 條 開展市場調查。

第 11 條 在企業內部徵集廣告創意，並對各種創意進行評價和選擇。

第 12 條 各種用於有獎銷售、展示會、慶典的紀念品、贈品和禮品的設計、製作、購買。

第 13 條 為銷售部門的業務工作提供幫助，協助銷售部門開展工作。

第 4 章 宣傳工作流程

第 14 條 廣告宣傳主題的界定

(1)列舉廣告宣傳問題。

(2)確定廣告宣傳目標。

(3)界定廣告宣傳主題。

第 15 條 廣告宣傳資料的收集與分析

(1)現有資料收集。

(2)市場狀況調查。

(3)資料審核。

(4)資料分析。

第 16 條　廣告創意的產生

(1)選擇創意方法。

(2)制定廣告創意方案。

第 17 條　廣告宣傳方案的可行性選擇

(1)選擇標準衡量。

(2)對比評估廣告宣傳方案。

(3)確定最終宣傳方案。

第 5 章　宣傳媒體選擇

第 18 條　媒體選擇原則

(1)目標原則。必須認真分析各種媒體的特點，根據其各自的優劣勢，靈活、協調地組合，揚長避短，盡最大可能使廣告媒體的目標對象與產品的目標對象保持一致。

(2)協調原則。廣告媒體的選擇要與廣告產品的特性、顧客的特性、廣告資訊的特性以及外部環境協調一致，既要站在一定的高度縱觀全局，又要立足市場認清各種情況，把握微觀，正確處理廣告媒體與各因素的關係。

(3)優化原則。在選擇媒體時，應認真分析瞭解各種能夠影響廣告對象的媒體的性能及特徵，盡可能找到公眾注意率高的傳播媒體及其組合方式。

(4)效益原則。根據這一原則應選擇成本低又能夠達到廣告宣傳預期目標的媒體，確保廣告成本費用與廣告宣傳後所獲得的利益成正比。

第 19 條　媒體選擇的制約因素

(1)廣告費用。根據企業的財力情況，在廣告預算許可的範圍內，對廣告媒體管道做出最合適的選擇與有效的組合。

(2)產品特性。必須針對產品特性來選擇合適的廣告媒體管道，從而充分展現產品的個性，使顧客知曉該產品。

(3)市場環境。在選擇廣告媒體管道時，應全面考慮穩定性、社會經濟文化的繁榮程度、法制建設的健全性以及對廣告活動的各種法規限制、關稅障礙等。

(4)競爭對手。針對競爭對手的特點採取合適的媒體管道及廣告推出方式。

(5)媒體受眾。應根據媒體受眾的年齡、性別、民族、文化水準、信仰、社會地位及其接觸媒體的習慣方式來進行媒體的選擇和組合。

第 20 條　廣告媒體評價指標

(1)權威性。主要根據媒體的受眾情況衡量廣告媒體選擇對廣告的影響程度，應選擇符合目標顧客要求的媒體。

(2)覆蓋區域。廣告媒體的覆蓋區域直接關係到行銷計畫所針對的目標市場，廣告媒體的選擇要與目標市場相吻合，使產品銷售對象接收到廣告資訊，達到促銷的目的。因此，廣告媒體的覆蓋區域應與目標市場一致，以免造成資源浪費。

(3)有效到達率。用於評價某一媒體在特定廣告出現頻次範圍內，有多少受眾知道該廣告資訊並瞭解其內容。評價值越高，選擇的可能性也就越大。

第 21 條　媒介的選擇

廣告宣傳一般採取下面幾種宣傳媒介。

(1)報紙、雜誌、廣告宣傳畫和傳單。

(2)郵寄廣告。

(3)電視和廣播。

(4)看板與廣告設施。

(5)掛曆與效率手冊。

(6)其他經董事會臨時認可的廣告媒介。

第 6 章　宣傳效果評估

第 22 條　調查準備

(1)調查者通過觀察、體驗去發現需要研究的題目，並據此作為效果測評的目的。

(2)查閱文獻，把握方向，瞭解現狀。

(3)借助有經驗的人，參考他們的看法，提出所要研究的問題。

第 23 條　擬定調查方案和測評工作計畫。調查方案主要包括調查的目的和要求、調查的具體對象、調查表格的製作、調查範圍的確定以及調查資料的收集，測評工作計畫主要是對某項調查測評的組織領導、費用預算、人員配備、工作進度等做的預算和規劃。

第 24 條　實施測評計畫、

(1)對廣告效果測評提出假設，包括描述性假設和相關性假設。

(2)根據假設收集資料，資料來源主要包括原始資料和現成的二手資料。

第 25 條　分析總結

整理和分析資料，瞭解資料所表達的意義並從中得出正確的結論。

第 26 條　撰寫測評報告

(1)測評報告要做到文字簡潔流暢、邏輯關係嚴密、層次清楚、結構緊湊、數字真實可靠、說明問題實事求是，以及對於問題的分析深入淺出，有論點、有論據、有分析、有說服力。

(2)測評報告的內容包括：廣告效果測定的問題及範圍；效果測定的方法、時間、地點；各種指標的數量關係：測定結果與原計劃的比較；經驗總結與問題分析；解決問題的措施與今後的展望等。

◎廣告費用預算制度

第 1 章　總則

第 1 條　目的

為了合理利用廣告預算，充分發揮資金的最大週轉率，保障企業廣告宣傳工作順利展開，特制定本制度。

第 2 條　預算方案制定

(1)廣告費用預算由廣告主管負責草擬。

(2)廣告預算方案由市場部經理與財務部經理共同審核。

(3)廣告預算方案由市場行銷總監批准執行。

第 3 條　預算監督

(1)廣告預算具體執行過程中，由市場部經理對廣告預算的使用進行監督，財務部經理對預算數額進行控制。

(2)市場行銷總監不定期對廣告預算進行監督檢查。

第 2 章　廣告費用預算基本流程

第 4 條　調查研究。對企業所處的市場環境與社會環境進行調查，對企業自身情況和競爭對手的情況進行調查。

第 5 條　綜合分析。結合企業的廣告戰略目標和調查情況進行綜合分析研究，進而確定廣告策略。

第 6 條　確認廣告目標、廣告媒體，制定廣告策略實施方案。

第 7 條　確定廣告預算的總額、目標和原則。

第 8 條　根據已確定的廣告預算總額、目標與原則，擬定廣告預算的分配方案，通過反覆分析與比較，從多種方案中確定費用相對較小而收益較大的方案。

第 9 條　將最後確定下來的預算方案具體化。其中包括：廣告經費各項目的明細表及責任分擔；廣告預算按商品、市場、媒體及其他項目進行預算分配；廣告項目的實施和預算總額之間的協調。

第 3 章　廣告預算的分配

第 10 條　廣告預算按廣告活動期限長短分為長期性廣告預算分配和短期性廣告預算分配，同時包括年度廣告預算分配、季度廣告預算分配和月度廣告預算分配。

第 11 條　按廣告資訊傳播時機進行廣告預算的分配。要合理把握廣告時機，可採用突擊性廣告預算分配和階段性廣告預算分配搶佔市場。

第 12 條　根據不同產品在企業經營中的地位分配廣告費用。這種分配將產品的廣告費用與產品的銷售額密切聯繫在一起，貫徹了重點產品重點投入的經營方針。

第 13 條　恰當分配廣告費用的依據是產品的銷售比例、產品在其生命週期的不同階段、顧客的潛在購買力等。

第 14 條　按照傳播媒體的不同來分配廣告預算，要結合產品、市場、媒體的使用價格等因素綜合考慮，使企業能使用綜合的傳播媒體達到廣告目標所要求的資訊傳播效果。

(1)用於綜合媒體之間的廣告預算分配，要根據不同的媒體需求，分配廣告經費。

(2)根據在不同時期同一媒體按需求來分配廣告經費的方法，主要用於單一媒體的廣告宣傳。

第 15 條　企業可以根據顧客的某一特徵將目標市場分割成若干個地理區域，再將廣告費用在各個區域市場上進行分配。

第 16 條　企業可以根據不同區域市場上的銷售額指標來確定有效的視聽眾暴露度，最終確定所要投入的廣告費用額。

第 17 條　對市場佔有率低又有潛力可挖的產品應投入較多的廣告經費，對市場佔有率高且市場已飽和的產品則應投入較少的廣告經費。

第 18 條　在總費用水準確定的前提下，按各個活動的規模、重要性和技術難度投入廣告費用，對於持續進行的廣告活動，在廣告經費的安排上，應根據廣告活動的階段和時期的不同進行統籌分配。

第 19 條　按廣告的機能分配廣告預算時，應按廣告媒體費、廣告製作費、一般管理費和廣告調查費進行分配。

第 4 章　廣告費用預算的管理

第 20 條　廣告預算確定後，每一個管理層次都應在廣告預算的有效期限之內，嚴格按照廣告預算的各個項目、數額負責具體實施。

第 21 條　在各種不可預測因素的影響和制約下，允許在實施廣告預算過程中出現一些偏差，因此在擬定廣告預算時要留有一定的伸縮度。

第 22 條　各個環節要嚴格按照廣告預算計畫的內容開展工作，經常對廣告預算進行檢查。在具體的時間段將廣告預算實施情況進行整理，並將各項實施情況與廣告預算中的各項具體要求進行對比。

第 23 條　為了使廣告活動取得預期的效果，要充分發揮廣告預算應有的計畫管理職能作用，並進行必要的跟蹤調查。

第 5 章　廣告費用預算財務審查

第 24 條　廣告預算財務審查由財務部成本會計具體負責實施。

第 25 條　廣告預算審查週期分為季度審查和年度審查。

(1)季度審查具體時間為每年的 4 月 1 日、7 月 1 日、10 月 1 日與次年 1 月 1 日。

(2)年度審查具體時間為次年的 1 月 15 日之前。

第 26 條　預算審查的具體內容

(1)預算總額是否超支。

(2)預算項目是否合乎規定。

(3)有無虛報預算使用金額。

第 6 章　附則

第 27 條　本制度由市場部、財務部制定，經部門經理辦公會討論後通過。

第 28 條　本制度自發佈之日起執行。

第 7 章

行銷部的促銷管理

◎促銷管理制度

第 1 章　總則

第 1 條　目的

為穩定企業原有客戶群，同時不斷開發新客戶，特制定本制度。

第 2 條　實施原則

銷售部經理及促銷主管須擬定日程，拜訪、問候主要客戶，並借機瞭解市場情況及客戶回饋的問題，加強彼此的聯絡，培養友好關係。

(1)瞭解客戶的不滿情緒，聽取意見，設法改變現狀。

(2)訪問之前，應先與負責人員進行討論，研究如何與對方應對。

第 2 章　促銷措施

第 3 條　交易懇談會

招集主要客戶及購買能力可能增加的預定客戶，舉行懇談會，希望建立合作關係。

(1)本會以總經理或促銷主管為主體。

(2)問候方式須巧妙得當，要把握銷售計畫的根本主題。

(3)本會應依地區、產品種類分別舉行。

第 4 條　銷售獎勵制度

對客戶設立銷售獎勵制度，以此促進其銷售或購買產品。

(1)實施時，應先以某特定地點為主，接著再依順序逐漸對外擴大。

(2)交易方式另採用預約制度，利用預約方式進行交易，屆時可依比例退還部分優待額。不依規定時間交付產品時，本企業則另訂有效方法負責處理。

(3)將每個客戶的平均購買額分等級，再依等級發給獎金或按比例退還部分金額。獎勵期間以 3 個月為主。

(4)對於企業的重要客戶，可為其負擔半額的廣告費，或另外贈送其他產品，以示獎勵。

第 5 條　新產品促銷

對於新產品，本企業將舉辦單獨或聯合展示會、樣品展示會，以擴大宣傳，原則上按下列 4 點實施。

(1)展示會由本企業獨立舉辦，或借助其他單位的協調，或協同批發商共同舉辦。有時則由業務部負責舉辦。

(2)會展應展示本企業的新產品。

(3)舉辦展示會時，除了要選擇會場之外，對於展示內容以及綜合方式等，也須加以考慮。

(4)展示會在進行過程中，可直接接受訂單或預約。

第 6 條　激勵銷售人員

銷售人員的職責是開拓新市場，提高銷售額，企業可以根據其績效發給獎金，以示激勵，進而提高其銷售業績。

(1)本獎勵以一定時間為限。

(2)對於開發新客戶一項，必須讓銷售人員在事前提出有關對方的調查資料。獎金於交易開拓成功的第三個月，依照等級的平均額發放。

(3)過去三個月的平均額超過上年度同時期平均額的三成，視為對提高銷售有貢獻，並依據一定的比率(或一定的金額)發給其獎金。

第 7 條　銷售情況統計

銷售部門應根據客戶或產品類別，將銷售額、收款、銷路不佳產品與暢銷產品等，做成當月的合計、累計、增減等統計資料，再將此統計數字與過去業績做一比較，以掌握銷售額及收款的預估。預估確定後，指示給各負責人並進行督促(在每月例行銷售會議上，也應督促要求)。

第 8 條　召開銷售會議

每月月底舉行整體的銷售會議，利用此會檢查上個月的計畫落實情況，由銷售部門根據相關人員提出的《客戶業績統計表》來檢查當月的業績。另外，由各銷售人員彼此變換根據自己的工作情況及市場訊息，借此來修正本月應進行的預定活動計畫與銷售方法。

◎促銷計畫書

第一條　計畫概要

（一）本公司積極制定下列各項計畫，以促進本公司的銷售工作；

（二）本計畫的實施與日常的業務處理工作應同步進行，因而不得因日常工作繁忙而疏忽本計畫，或者只專注於本計畫的執行而忽視日常業務；

（三）在實施本計畫時，首先銷售部門的管理人員應對工作的執行加以設計、處理，以加強執行控制能力；

（四）不僅要重視計畫的擬訂過程，更要重視計畫的具體實施。

第二條　產品開發

（一）應加強紀念品的設計及接受訂單的工作；

（二）策劃推出附贈品的特賣活動，並在方法上加強設計；

（三）加強年初、年底的贈送品設計，以此促進銷售；

（四）爭取更多的××產品以外的加工訂單。

第三條　潛在客戶開發

（一）對銷售額不斷增長的客戶，應儘量加以聯繫和瞭解；

（二）通過洽談會說明公司的方針並促成交易。

第四條　銷售管道擴張

（一）設法成立新的代理店、特約店或擴張其規模，以便利用各類業務來往提高本公司產品的交易額；

（二）為達到以上目的，首先需制定代理店的交易規定；

（三）拓展銷售管道，使產品廣銷各地；

（四）代理店的管理必須先進行合理的規劃，並積極施行及修正；

（五）對於業績突出的代理店，可採取使其持有股份或出資參與的形式。注重發展企劃，將有潛力的零售店發展成批發店。

第五條　交易達成的促進

（一）改革目前協作會的已有規則，並靈活運用；

（二）基於上述目的，協作會的運作方式也應設法改善。

第六條　銷售機構的改進

（一）業務部：負責銷售的企劃、事務處理及管理方面的工作，其具體業務如下：

1. 銷售的計畫與管理；

2. 進行市場調查；

3. 企劃並實施廣告宣傳；

4. 處理外來訂貨業務，負責商品出庫及處理電話訂貨業務；

5. 製作、寄送銷售網站名錄；

6. 計算銷售額及負責催收款項。

（二）特殊業務室：負責處理特殊的政府機構、公司及工廠的訂貨業務；

（三）客戶聯絡部：負責訪問市內客戶，並負責訂貨的處理及收款。負責出差訪問外地客戶及訂貨處理、收款等業務。以上的相關業務也可委託公關部的高層人士去進行。

第七條　銷售獎勵的實施；

銷售獎金暫定為四類：

（一）與全店有關者；

（二）只限於百貨公司者；

（三）有關特定商品者；

（四）有關新開發產品者。

第八條　薪金制度的改革

（一）改進目前所採用的固定薪金制度，一半的薪金採用固定薪金，另一半則依工作效率，決定薪金幅度；

（二）效率給薪方式與固定給薪不同，每三個月依照本人的工作成績進行一次上下調整。

第九條　企劃與實施

（一）設計各種廣告，以郵寄方式發送宣傳；

（二）設計特賣方式；

（三）做各種銷售的設計，如舉行展示會或樣品會等；

（四）籌畫、提供各零售店的促銷費用及所需物品。

第十條　促銷培訓

（一）制定對外銷售的各種處理標準，依據此標準指導各相關銷售人員，進行重覆性的演練；

（二）對零售店及其他相關銷售網站做銷售技術的指導。

第十一條　銷售管理

（一）對於銷售人員的活動，一切都須制定計劃，依照預定計劃來進行。另外，對於其活動方式也必須有計劃性地加以規範管理。

（二）採用日報制、訪問預定制、訪問管理制。

◎促銷宣傳細則

第一條 對外宣傳的素材

（一）公司舉辦的各種活動；

（二）公司經營活動的業績和成果，如決算和財務狀況；

（三）公司確定的新的經營方針、經營計畫，推出的新產品、新項目；

（四）公司新工廠、新銷售點、新設施的狀況；

（五）公司人事組織制度的變動和高層經營者變動情況；

（六）公司的社會公益活動，如募捐、社會公益活動。

第二條 對外宣傳素材的選擇基準

（一）應充分宣傳公司的經營方針和經營觀念，為公司的總體發展服務；

（二）應考慮對外宣傳的正作用和負作用，以有利於維護和提高公司形象為準則；

（三）在對外宣傳活動時，考慮與本公司保持良好關係的組織或個人的利益與反響。這些組織與個人主要包括：

股東、公司員工及退休工人、客戶、潛在客戶、同行業公司、有合作關係的公司、供應商、特約店、代理店、有關地方政府機構、相關的金融機構、輿論宣傳機構、宗教團體、政黨、工會等。

第三條 對外宣傳的形式

在組織對外宣傳活動時要對下列各種形式的優缺點及費用、效果比進行綜合比較，擇優而行。

（一）本企業媒體

1. 郵政廣告；

2. 宣傳畫；

3. 印刷品；

4. 張貼物。

（二）公司外媒體

1. 公開宣傳；

2. 公眾廣告。

（三）各種活動

1. 冠以公司名稱的會議、音樂會等；

2. 時裝表演、產品展示等；

3. 社會公益活動；

4. 演講會、座談會、專題討論會等。

第四條　對外宣傳組織

（一）負責對外宣傳活動的部門為廣告宣傳部；

（二）另設對外宣傳委員會；

（三）廣告宣傳部部長由對外宣傳委員會主任任命；

（四）對外宣傳委員會設秘書處，附屬於廣告宣傳部，秘書長由廣告宣傳部長兼任；

（五）對外宣傳委員會定期召開會議，負責審議對外宣傳計畫；

（六）特殊情況下，廣告宣傳部長可根據實際情況變化或根據總經理的指示，組織實施有關活動。

第五條　對外宣傳活動的原則

（一）強化全體員工的對外宣傳意識

公司個別員工的失誤，會影響公司的形象，同樣也會影響宣傳效果。所以應強化每名員工的公關意識，讓每一名員工都加入到對外宣傳行列。

（二）尊重事實

對外宣傳應以事實為根據，向公眾展示公司的真實面貌。

（三）與公司領導決策接軌

對外宣傳必須保持宣傳口徑的統一，必須緊緊圍繞公司經營決策展開，真正體現經營決策者的經營觀念和經營方針。

（四）講求效果

應準確把握對外宣傳接受者的反應，不斷地總結經驗，吸取教訓，加強反饋，提高宣傳效果。

（五）符合社會的價值判斷

不能為宣傳而宣傳，更不能隨意美化自己，誇大其詞。在考慮自身效果的同時，更應注重社會效果。

第六條　費用預算

對外宣傳活動，不僅要考慮其效果，而且要核算其成本，力求成本與效益的統一。一般情況下，對外宣傳活動所需的費用支出，包括以下幾個方面：

（一）活動費用

1. 製作費；　2. 攝影費。

（二）人工費用

（三）日常費用

1. 差旅費；　2. 住宿費；

3. 編輯費；　4. 會議費；

5. 資料費；　6. 通信費；

7. 交際費；　8. 雜費。

（四）印刷費

（五）捐款

（六）廣告費

1.製作費；　2.媒體費；　3.播送費。

對外宣傳費用預算於每年年初，在經營會議上作為經費預算的一項得以確定。其數額以不超過營業收入的 30%，或不超過經營利潤額的 25%為準。

第七條　對外宣傳人員素質要求

（一）具有較強的語言表達能力和寫作能力；

（二）有敏銳的觀察能力；

（三）有較強的組織活動能力和駕馭事物能力；

（四）具備熟練處理各種關係的能力；

（五）勇於創新、敢於探索，具有較強的企劃能力。

第八條　特殊情況下的對外宣傳

特殊情況下的對外宣傳，由相關主管人員受命於公司總裁而組織實施。其應用範圍包括：

（一）公司員工發生違法違紀事件；

（二）公司發生有損自身公眾形象的事件；

（三）因各種原因發生公司商業秘密洩漏事件；

（四）因事故、災害而發生人員傷亡；

（五）在生產、銷售、服務等方面發生較為嚴重的問題。

◎行銷策劃活動流程管理制度

第 1 章　目的和適用範圍

第 1 條　為規範行銷策劃活動工作，特制定本制度。

第 2 條　本制度適用於行銷策劃活動中心所有工作人員。

第 2 章　確定市場行銷目標

第 3 條　行銷策劃活動首先要確定市場行銷目標，其具體內容如下表所示。

市場行銷目標表

目標	內容
1. 目標利潤	通過行銷策劃活動所要實現的利潤額
2. 市場佔有率	市場佔有率提升百分比
3. 市場增長率	市場增長率提升百分比
4. 銷售額或銷售量和增長率	銷售額增長幅度
5. 銷售價格	銷售定價
6. 品質水準與投訴	產品品質與投訴率
7. 產品體系構成	那些產品同時進行行銷策劃活動
8. 行銷管道	通過那些管道，可以擴大那些管道
9. 促銷活動	如何展開促銷
10. 品牌	知名度、美譽度的提高程度
11. 與競爭對手的差距	能在多大程度上縮小和競爭對手的差距

第 4 條　對市場外部環境進行分析，分析的具體內容如下表所示。

市場外部環境分析

1. 行業動向分析	同行業是否也在採取銷售策略，有什麼發展趨勢
2. 目標市場分析	同類產品分析和地域分析
3. 購買行為分析	顧客的購買誘因和消費群體分析
4. 企業形象分析	企業在同業中的地位和產品知名度
5. SWOT 分析	企業產品的優勢、劣勢、機遇和挑戰

第 3 章　確定目標市場

第 5 條　市場細分

將產品的購買群體按照不同需要、特徵或行為進行細分，並整理出產品市場細分表。

第 6 條　目標市場選擇

在細分市場之後，可以進入既定市場中的一個或多個細分市場。對將要進入的目標市場進行分析，並撰寫目標市場分析報告。

第 7 條　市場定位

把企業的產品和同類產品區別開來，並給本企業產品賦予明顯區別於競爭對手的「購買符號」，從而清晰地定位企業的產品和目標顧客。

第 8 條　行銷組合設計

(1)產品組合，產品定位、產品特色、產品品質、產品品牌與形象、產品包裝、使用與售後服務。

(2)價格組合，價位、折扣、定價對銷售的影響、付款條件。

(3)銷售管道組合，顧客類別、銷售地點、行銷管道與網路、中間商、零售商、倉儲與配送、庫存量、商圈。

(4)促銷組合，與顧客溝通、廣告宣傳、促銷活動、公共關係、受理投訴。

第 4 章　行銷管理與控制

第 9 條　行銷環節設計

(1)具體銷售事務設計

①簽訂銷售合約，進行合約管理和合約執行進度管理。

②成品庫存管理和供貨管理。

③發貨、包裝、運輸管理。

④發票、銷售回款、催款，拒付業務處理。

⑤售後服務管理。

(2)市場供求研究

①企業內部各種銷售業務數據的收集和資訊處理。

②組織收集企業外部資訊和開展(委託)市場調查。

③組織開展(委託)市場預測。

第 10 條　市場拓展

(1)顧客管理

對顧客的基本情況、交易狀況、信譽狀況及顧客意見進行管理。

(2)行銷人員管理

管理行銷人員的計畫安排，檢查、考核和獎懲。

(3)促進銷售管理

有計劃地開展廣告宣傳，準備產品宣傳說明書等。

(4)銷售管道管理

對銷售管道的開發、聯繫、考核評價等進行管理。

(5)組織商品的包裝、裝潢和商標設計。

(6)品牌管理。

第 11 條　行銷控制

對行銷計畫實施情況進行判斷、調整，採取糾正措施，主要控制內容如下。

(1)月度計畫控制

由行銷人員按照行銷方案提出工作報告，管理者認真審核並提出處理意見。具體報告包括：

①月度工作計畫報告；

②月度計畫執行進度報告；

③費用報告；

④新增顧客報告；

⑤失去老顧客報告；

⑥區域或營業點的定期情況報告；

⑦其他專題報告。

(2)年度計畫控制

主要對銷售額、市場佔有率與費用率進行控制。

(3)盈利控制

對各種產品、地區、顧客群、銷售管道等方面的獲利能力進行評價、控制。

(4)行銷戰略控制

利用行銷審計，定期重新評估企業的戰略計畫及執行情況，提出改善行銷工作的計畫和建議。如發現行銷問題，應及時解決和糾正；如發現新的行銷機會，應立即制定新的方案。

◎行銷策劃活動方案執行表

策劃	工作形式	執行部門	執行要點	執行時間	備註
銷售執行 包括銷售定價、產品上市、折扣執行管理、價格調整方案	銷售部編制具體執行方案	銷售部	價格調整方案是核心		
銷售管理 包括現場、接待、洽談、銷售、統一口徑管理	銷售部編制具體執行方案和文本	銷售部	現場管理是核心		
促銷執行 包括促銷方案編制、階段促銷計畫、現場操作配合、銷售培訓	銷售部配合促銷部編制方案和應用文本	促銷部	促銷方案編制是核心		
市場管理 包括市場訊息管理、售前售後服務方案管理	行銷部根據要點方案編制應用文本	行銷部	售前售後服務方案是核心		

續表

策劃	工作形式	執行部門	執行要點	執行時間	備註
部門管理 包括崗位管理、執行流程管理、職責分類管理	行銷部具體分配行銷策劃活動方案執行的任務	行銷部	執行流程管理是核心		
形象管理 包括企業形象管理、現場形象管理	行銷部出具要點方案，CI 部根據要點方案編制應用文本	CI 部	銷售形象要求是管理核心		
計畫管理 包括執行計畫管理、準備計畫管理	行銷部出具管理標準，銷售部進行監督執行	銷售部	執行計畫管理是核心		

◎促銷現場的管理制度

第 1 章　總則

第 1 條　目的

為使各項促銷活動順利進行，加強促銷現場管理，特制定本制度。

第 2 條　範圍

本制度適用於本企業所有促銷活動現場的管理工作，相關促銷人員應遵照執行。

第 3 條　權責關係

本制度由市場部促銷主管監督執行。凡是在促銷現場發生的問題，由促銷主管負責處理，超出其權限或對企業影響較大的事項必須及時上報市場行銷總監、總經理審批。

第 2 章　促銷現場預警機制

第 4 條　在策劃促銷活動細節時，促銷人員需正確地預計促銷現場可能發生的情況，並制定相應的解決措施，安排具體人員負責。

促銷現場可能會出現以下四種問題，促銷人員在制定促銷計畫時要充分考慮。

(1)顧客反應熱烈，促銷現場人員過多，產生擁擠。

(2)顧客反應冷淡，促銷現場出現冷場。

(3)顧客由於對促銷活動的誤解或產品品質問題，出現顧客現場吵鬧等情況。

(4)遭遇競爭對手的對抗性促銷。

第 3 章　促銷現場管理的內容

第 5 條　清點貨品

在結束促銷活動後，促銷主管應安排促銷人員進行產品的清點及核對工作，此時需要檢查的內容有以下四個方面。

(1)清點當日產品銷售數量及庫存數量，並根據前日產品庫存，核對產品數量是否有誤。

(2)清點贈品的贈送數量與庫存數量，並根據前日贈品庫存，核對數量是否有誤。

(3)檢查產品及贈品的狀況是否良好，有無殘次品，若發現要及時清理，並做好記錄。

(4)檢查各種銷售用具(如宣傳卡、POP 等)是否齊全，如果發現破損或丟失要及時記錄，並向相關部門申領。

第 6 條　及時補貨

促銷人員需要根據產品清點的結果以及預計次日的銷售數量，對於數量不足的產品進行補貨。

(1)需要增補貨品的情況

清點產品時，遇到下列六種情況，促銷人員應上報主管增補貨品。

①某類產品只有幾個或者少量，不夠次日的銷售。

②產品型號不齊全的，如服裝、鞋類產品的某些顏色缺少或者斷碼等。

③產品只有樣品，沒有庫存，無法正常銷售。

④產品陳列在貨架上，但是產品外包裝有瑕疵，無法銷售。

⑤產品系統庫存不等於零，但是實際庫存為零。

⑥各種廣告、POP 中已經開始宣傳的新產品，但是還沒到貨。

(2)及時補充貨品

促銷人員在清點產品時若出現上述情況，就要及時增加相應貨品的數量。具體工作步驟如下所示。

①根據實際銷售情況，確定要增補貨品的數量。

②填寫補貨單，並請主管簽字批准。

③如庫房有貨，則到庫房取貨，並將產品上架；如庫房無貨，則應督促企業發貨。

第 7 條　管理促銷用具

促銷用具是舉行促銷活動的有力「武器」，促銷人員在促銷活動的過程中要像愛惜產品一樣愛惜促銷用具。在每天的促銷活動結束後，促銷人員要對促銷用具進行清點，保證促銷用具不丟失、不損壞。

第 8 條　回收促銷用具

促銷活動結束後，促銷人員要回收各種促銷用具。確定促銷用具的歸屬後分別還回。常見的需要回收的促銷用具包括以下六種。

(1)各種贈品及樣品。

(2)供產品擺放與演示用的展示台、演示台、陳列櫃等。

(3)各種 POP，如橫幅、噴繪、海報、展板、易拉寶海報架、吊旗、角旗、產品宣傳單等。

(4)烘托現場氣氛的用具，如充氣拱門、升空氣球、電視、音響、卡通氣模、喊話器、遊戲道具等。

(5)產品演示用具。

(6)其他促銷用具，如促銷人員的服裝、供顧客休息用的折疊椅、供遮風避雨和遮陽用的太陽傘、插線板、筆、顧客資料卡、錘子、螺絲刀、鐵絲、不乾膠、封口膠、常備藥品等。

第 9 條　清潔促銷現場

促銷活動結束後，促銷主管應組織人員清理促銷現場，保證促銷現場的乾淨、整潔，從而給售點留下好印象。

第 4 章　促銷品的管理

第 10 條　促銷品應在促銷方案中明確規定數量、規格及發放辦法。

第 11 條　促銷品的發放應統一管理，統一發放。領用人員應在《促銷品領用登記表》上登記並簽字。

第 12 條　現場發放促銷品時，應安排專門人員負責，顧客領取時請其簽字確認。

第 13 條　對於各賣場剩餘的促銷品，負責人員應統一收集、匯總，上交企業促銷管理人員。

第 14 條　促銷人員不得私自拿用促銷品，違者視情況罰款 50～500 元，情節嚴重者做開除處理。

◎ 促銷管理流程

1. 促銷計畫制定流程圖

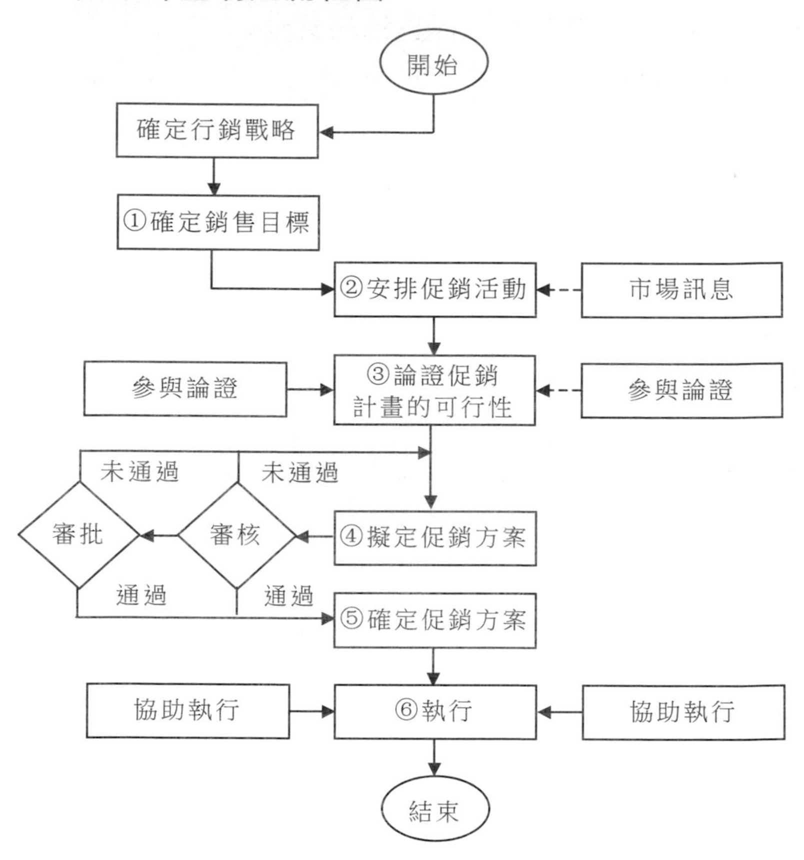

2. 促銷計畫實施流程圖

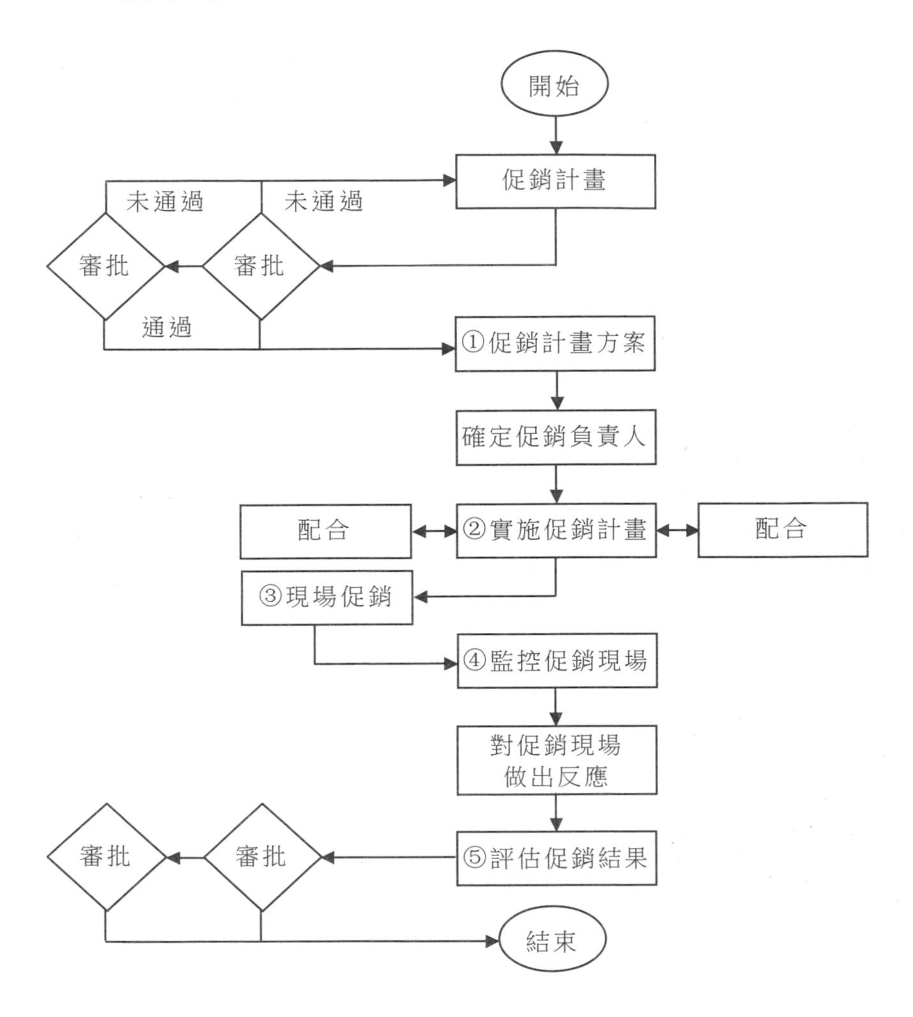
開始
促銷計畫
未通過
未通過
審批
審批
通過
①促銷計畫方案
確定促銷負責人
配合
②實施促銷計畫
配合
③現場促銷
④監控促銷現場
對促銷現場
做出反應
審批
審批
⑤評估促銷結果
結束

3.促銷活動評估流程圖

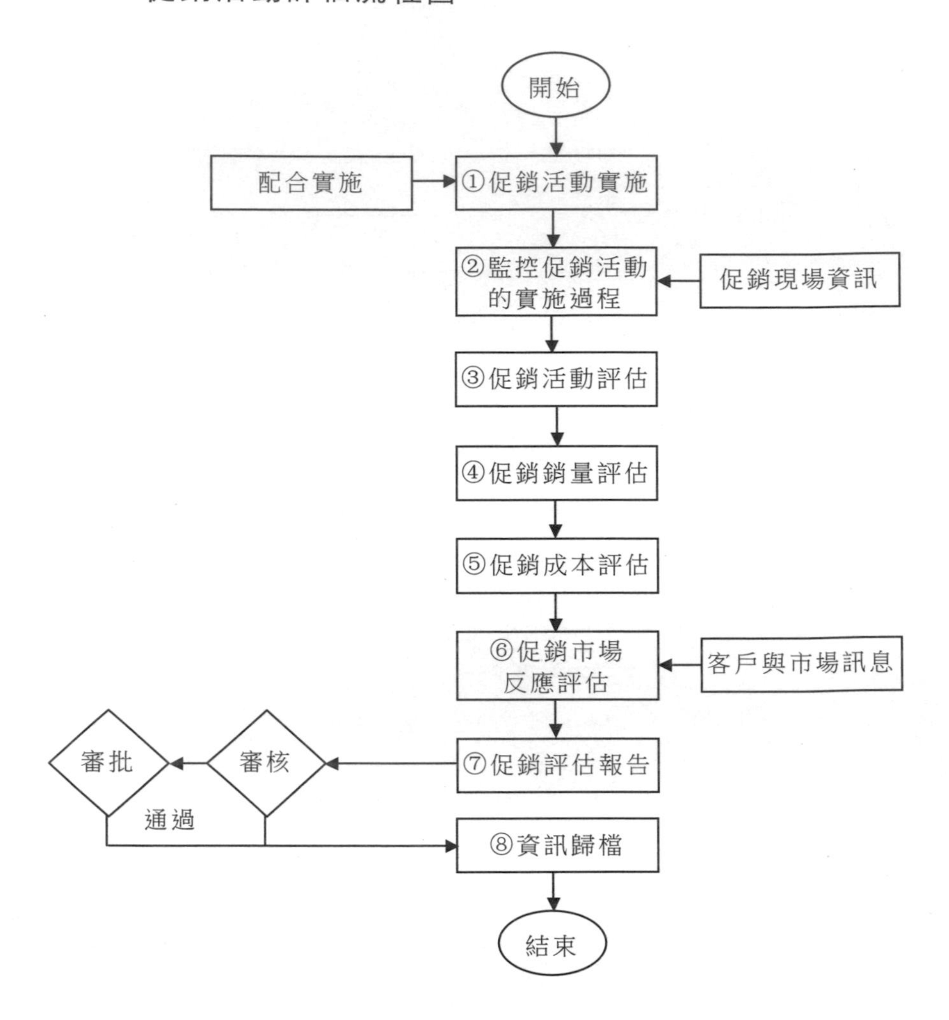
開始
配合實施
①促銷活動實施
②監控促銷活動的實施過程
促銷現場資訊
③促銷活動評估
④促銷銷量評估
⑤促銷成本評估
⑥促銷市場反應評估
客戶與市場訊息
⑦促銷評估報告
審核
審批
通過
⑧資訊歸檔
結束

4.市場推廣方案制定流程圖

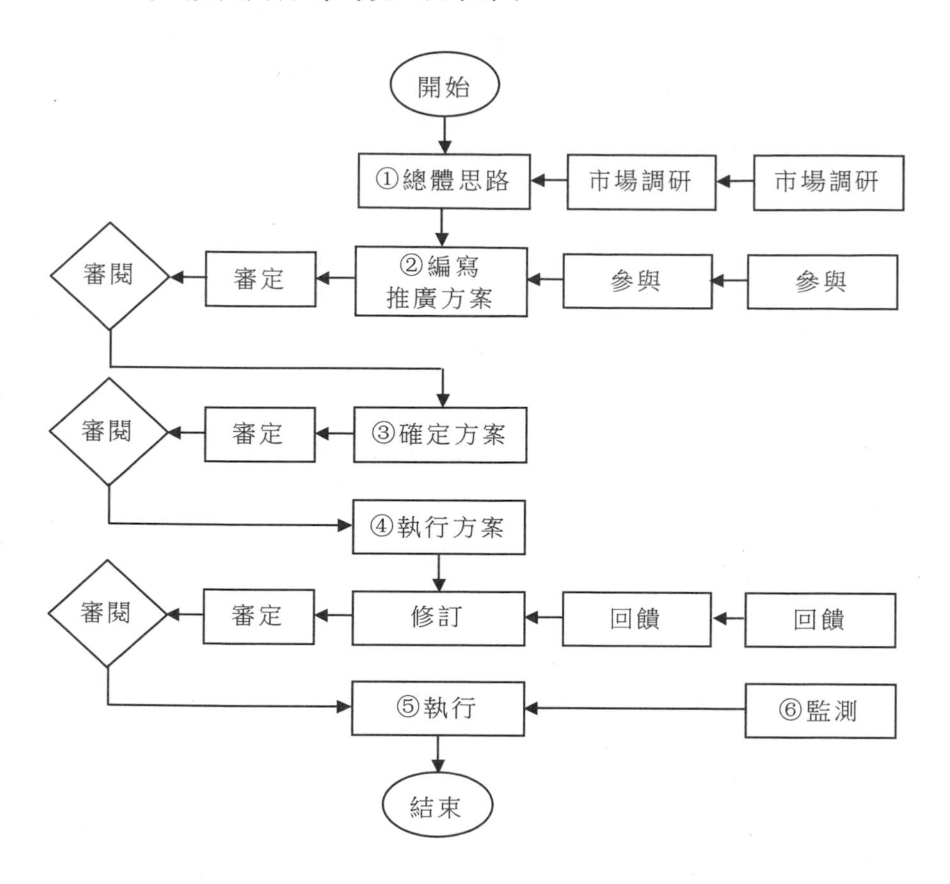

◎服裝產品促銷方案

一、市場背景分析

2013 年 12 月，本企業委託某市場調查公司在國內主要一線城市進行了服裝市場調查。通過對 8923 份有效問卷和 7653 位顧客的檔案資料進行分析統計，得出以下結論。

(一)顧客對品牌的認知度

顧客對本企業服裝品牌的認可度比 2012 年有大幅度提高，但休閒裝有所下降。可看出，由於我企業在東區，對週邊地區的影響很大，也符合 2006 年度企業重點把促銷活動放在週邊地區的戰略。雖然 2013 年本企業加大了對休閒裝的促銷力度，但收效甚微。

(二)各類型服裝的消費群體特徵。各類型服裝的消費群體特徵如下表所示。

各類型服裝的消費群體特徵表

服裝類型／人群特徵	休閒裝	成人女裝	成人男裝
年齡特徵	30～55 歲	30～60 歲	25～60 歲
學歷、知識修養、收入情況	中專或同等學歷以上，以高學歷為主，收入中等	以高學歷為主，帶動高收入消費	大專或同等學歷以上。有穩定收入
職業特徵、性格特點	大學教師、公務員、高級白領，有獨立審美傾向	企業主、大學教師、公務員，喜愛購買貴的、能彰顯個性品味追求產品	有穩定收入的職業，消費隨入流，購買隨意性加強
地域特徵	東區 中區	東區 中區	東區 中區
購買習慣	到高級百貨商場購物	以在高級百貨商場購物為主	專營店、大型超市、百貨商場均有可能

(三)2013年三大有效的促銷方式

通過比較各地區的促銷費用和銷售收入，2013年度本企業採取的促銷方式效果較好，促銷方式效果排名如下表所示。

有效促銷方式排名表

排名	促銷方式
1	打折促銷
2	與當地目標消費群體相近的各牌聯合促銷
3	當地主流媒體宣傳

二、2014年促銷總體方案

(一)將促銷預算費用在2013年度的基礎上提高10萬元，同時將促銷的重點放在東區和中區。

(二)繼續以三大促銷方式為主，在沒有開展過此類促銷活動的城市開展促銷活動。

(三)針對三類服裝的目標顧客，有針對性地開展網路行銷和網路促銷活動。

(四)對全國重點城市的促銷時間延長。

三、宣傳推廣策略

(一)促銷活動期間：電視廣告、主流報紙軟文廣告，配合賣場宣傳單頁。

(二)日常宣傳形式：各主要城市機場路牌、商場外牆廣告、電視臺廣告。

(三)配合商家的促銷活動，參與宣傳。

四、促銷活動方式

(一)主題促銷在銷售旺季，為提高銷量，推動購物高潮，設計符合本品牌主張的促銷方式，配合單頁宣傳，讓顧客在利益的驅動下產生購買行為，使本企業實現銷售目標。

1. 目的

(1)加深顧客對應季服裝新品的瞭解，刺激衝動購買。

(2)滿足顧客在消費時的心理滿足需求。

(3)讓新產品在短時間內增長銷售額。

2. 時間：在 2013 年 5～10 月份。

3. 地點：所有零售終端。

4. 對象：所有目標消費群。

5. 方法、內容

在所有零售網點發行會員卡，凡購物滿 800 元均可成為本企業的「榮譽會員」，同時在會員卡上打出鮮明的主題促銷內容，如持卡購物享受 9 折優惠、定期免費獲得本企業郵寄的時尚雜誌一本等。

6. 促銷範圍：在全國各賣點同時運行。

7. 傳播策略：有效目標消費者到達率達 90%以上，到達頻率在 3～6 次。

(1)媒體組合：可利用電視、戶外廣告、電臺、地面資料 POP 等。

(2)訴的：訴求的目的、口號、標題、目標消費群必須清晰準確。

8. 預算：主題促銷的費用主要集中在媒體傳播費用、獎品費用以及執行組織的經費上。(具體略)

(二)售點促銷

1. 目的

(1)提升零售店的銷售量(利用節假日、顧客逛商場的時機，通過讓利、參與性獎勵、長期優惠券或其他吸引性活動刺激顧客的購買衝動)。

(2)擴大本企業產品的知名度。

2.對象：追求時尚、喜歡逛店的年輕女性。

3.範圍：一級城市。

4.地點：主要大商場。

5.時間：2014 年 5～10 月之間的重大節慶。

6.方法

(1)讓利性活動：如換季商品 5 折，夏季新品上市 8.5 折等。

(2)可結合事件性活動時機，進行大力度的回饋促銷，如商家週年慶典促銷等。

7.預算：此項目的預算必須在確定了用何種方法進行促銷以後才能做出。

五、費用預算

(一)總預算(略)

(二)預算分解(略)

◎廚具促銷活動方案

一、活動背景分析

2013 年 7 月天然氣進入本市，房地產市場的火爆和天然氣的進入必然會為廚衛產品帶來全新的發展機遇和市場空間。本品牌是當地的廚具品牌，在灶具市場佔有 67%的市場佔有率。為把握商機，佔領市場，積極開闢新的銷售管道，本品牌利用自身的地域優勢，針對房地產市場專門組織了一系列的社區促銷活動。

二、活動目的

提高某品牌的知名度及市場佔有率，拓展新的銷售管道，擴大銷量。

三、活動主題

購某品牌廚具，創造美好新生活。

四、活動前期準備

1.確定宣傳品

宣傳品類型與應用如下表所示。

宣傳品類型與應用

宣傳品類型	具體應用
條幅	保證每個社區懸掛 3 條，可掛在社區外牆、路邊樹幹及社區內主幹道上。內容為某品牌廚具義務維修服務點；某品牌創造舒適健康新生活；新生活，新廚具──某品牌廚具。條幅作為現場的促銷廣告，內容為某品牌企業標準色，藍底白字
海報	張貼於社區宣傳欄或社區門口、外牆、現場諮詢台或產品上，以引起業主注意，達到宣傳的目的
A 廚具展架	內容主要是產品形象及企業形象 LOGO 以及促銷活動內容和服務內容等
DM 宣傳單頁	由促銷員或臨時促銷員在社區門口、人流量大的過道交叉路口、主要幹道及社區活動現場向業主散發大量的宣傳品、DM 宣傳單頁，內容包括企業簡介及企業理念等，適當印上產品型號、尺寸及簡介、售後服務承諾及售後服務聯繫電話
樓層貼	製作樓層貼張貼於各個社區的每層樓道內，顏色為本企業標準色，內容以公益性質宣傳語為主：如某企業祝您身體健康，步步高升等
帳篷	在帳篷上統一印刷企業形象，並於社區促銷活動開始前運送至社區活動現場，增加企業和產品知名度，提升品牌形象
售後服務聯絡卡	增加廠家與業主的感情，提高企業的美譽度，引起業主的信賴

2.社區選擇

(1)首先對社區的總體情況進行調查，瞭解社區的開發商背景及住宅樓的開發規模，並且對業主的背景進行分析，圍繞目標消費者收集資訊，確定合作夥伴。

(2)瞭解希望合作社區的管理制度並與物業人員溝通，瞭解對方對社區活動的看法，探討合作模式，以便更好地開展活動，避免不必要的麻煩。

(3)在與房地產開發商簽訂合作協議，以開發商品牌和某品牌共同活動的方式進行，可以提高各自銷量。如：「某品牌與您攜手共創美好新生活。」

3.促銷活動宣傳方式

(1)在進入社區促銷活動前，組織人員可以在社區內發放宣傳單頁，做到家家戶戶均看得到某品牌的宣傳單頁。

(2)在各社區樓道內貼上樓層貼，提高影響力，懸掛橫幅於各社區內，增強品牌知名度，擴大影響。

(3)在現場擺點促銷時，不僅要發放 DM 宣傳單頁，還可附加奉送一系列小禮品擴大宣傳的影響力。

(4)在社區現場銷售過程中，可發動現場的業主參與，以引起其他業主對某品牌產品和促銷活動的注意，利用他們之間的信任和喜歡「湊熱鬧」的心理來宣傳活動，以拉動銷售。

(5)利用房地產開發商展覽大廳，放置某品牌 DM 宣傳單頁或聯合促銷廣告單頁。

(6)借助售樓小姐進行推介，如購房一套，贈送某品牌優惠券××元或憑某品牌的 DM 宣傳單頁可享受××折優惠，或免費清洗一次。

4.促銷人員培訓

(1)促銷人員必須要全面熟悉產品結構和特點，瞭解產品知識。企業行銷部門要針對此次活動，有針對性地從各個產品中提煉賣點，組織專業售後服務人員和技術人員對促銷人員加以培訓，讓他們瞭解各零部件的作用和功能，使促銷人員真正瞭解產品，使他們能夠在向業主介紹產品時更有說服力。

(2)活動中，促銷人員要統一說詞，統一口徑，統一著裝，始終保持友善、熱情、微笑的工作態度，積極主動、耐心細緻地對業主講解活動內容，處處體現出促銷人員的專業素質，以刺激業主的購買慾望。

(3)在終端佈置和推銷技巧上也加以培訓

①活動條幅懸掛和海報張貼應在醒目位置，活動贈品也應整齊合理擺放，以吸引業主注意，引起業主的購買慾望，烘托出現場的熱烈氣氛。

②產品應做到整齊擺放並做堆頭，吸引業主的注意，呈現出產品熱銷的情景。贈品也應做堆頭，並在贈品上張貼贈品貼。

③促銷人員看見業主後，應主動笑臉相迎，並積極介紹促銷活動方式，增強成交率。

④促銷人員積極地向前來觀看的業主發放 DM 宣傳單頁，當業主顯示出購買慾望後，積極加以引導，促成銷售。

⑤同時在活動期間，促銷人員應在每天下班前主動統計銷量情況，並及時將資訊回饋給銷售部，以便銷售部做出決策調整。

五、促銷活動內容

具體的促銷活動內容安排如下表所示。

促銷活動內容安排表

促銷活動內容	實施方式	負責人
現場演示活動	在各社區適當位置設置演示點，演示本品牌廚具的使用方法及效能	產品部張××
以舊換新活動	購買臺式灶，舊臺式灶更換新灶，舊臺式灶可抵現金××元；購嵌入式灶，舊灶可抵現金××元；購買熱水器，舊熱水器可抵現金××元	銷售部王××
贈品活動	購臺式灶，送圍裙一條；購嵌入式臺式灶，送砧板一塊；購熱水器，送不銹鋼鳴笛水壺一個，並可以根據實際情況增加贈送產品的範圍	市場部李××
免費維修活動	承諾購買產品後後 1 年之內免費上門服務	客戶服務部孫××

六、活動中應注意的問題

(一)注意天氣變化，避開下雨、狂風等不利於開展促銷活動的天氣。

(二)防範不懷好意的人搗亂，此時應主動與社區保安聯繫。

(三)避免不愉快的事情發生，不要與顧客爭吵，特別是售後服務方面，促銷人員應做到交代清楚，不得誤導顧客，心中要謹記「顧客永遠是對的」信念。

(四)如果遇到競爭對手也在促銷，不得詆毀對方，不得為爭搶顧客而與競爭對手發生爭吵。

(五)做好貨物、贈品的保管和銷量統計工作，防止貨物和贈品的流失。

七、活動總結及效果評估

針對社區開展的促銷活動，不僅可以拓展新的銷售管道，同時也可避免與競爭對手直面相對，既搶佔了先機，也能起到意想不到的效果，品牌知名度得到大大增強，銷量也得到提升。

另外對社區促銷活動效果做出評估及做出費用預算進行存檔備案。

心得欄

第 8 章

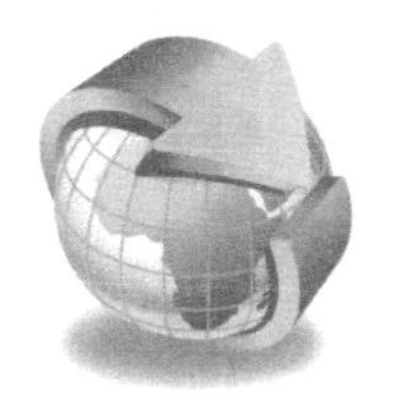

行銷部的人員任用辦法

◎ 行銷部新進人員任用辦法

第一條　人員的增補

各部門因工作需要，需增補人員時，以廠為單位，提出「人員增補申請書」，依可能離職率及工作需要，臨時人員由各部擬訂需要人數及工作日數呈經理核准，女性現場操作人員由各部門定期(視可能變化制定期限)擬訂需要人數呈經理核准；其他人員呈總經理核准。並於每月 5 日前將上月份人員增補資料列表送總管理處總經理室轉報董事長。

職員試用通知單

姓名		性別		年齡		籍貫		學歷		經歷	

派職工 適用單位		職別		薪給	本薪： __等級__元	人事 室	人事 組長	
		試用期	自_至_計 __年__天 __月__日		本薪： __等級__元		主任	

試用 結果	考核意見	1. 試用滿意請照原薪資辦理任用手續(__月__日起) 2. 試用成績優良請以_等 級元薪資辦理手續 (__月__日起) 3. 需要試用 4. 試用不合適另行安排 5. 附呈心得報告一份	試用	考核人	
	主管意見	1. 同意考核人意見擬准以試用原薪給(支等級薪給) 2. 擬不予任用____日再另行簽核 3. 延長試用	單位	主任	
批示	秘書室 意見	1. 擬照試用單位意見自 ___月__日起以___等級薪資____元正式任用 2. 試用不合格除發給試用期間的薪資外，擬自_月 __日起辭退		人事 組長	
				主管	

第二條　人員甄選主辦部門

經核准增補人員的甄選，大專以上學歷由總管理處經營發展中心主辦，高中以下學歷由各公司(事業部)自辦，並以公開登報招考為原則。主辦部門核對報名應考人員的資格應詳加審查，對不合報考資格或認有不擬條用的情況者，應即將報名的書表寄還，並附通知委婉說明未獲初審通過的原因。

第三條　甄選委員會的組成

新進人員甄選時應由主辦部門籌組甄選委員會辦理有關下列事項：

①考試日期、地點。

②命題標準及答案。

③命題、主考、監考及閱卷、人員及工作分配。

④考試成績評分標準及審定。

⑤其他考試有關事項的處理。

第四條　成績的評分

新進人員甄選成績的評分標準分學科、術科、口試三項，其成績分比例視甄選物件及實際需要由各甄選委員會制定，但口試成績不得超過總成績的40%。

第五條　錄用情形填報

各甄選主辦部門於考試成績評定後，應將各應考人員成績及錄用情形的填報總管理處總經理室。

第六條　錄取通知

對於擬錄取的人員，主辦部門應通知申請部門填寫「新進人員試用申請及核定表」，大專以上學歷人員總經理核准，並列表送總管理處總經理室轉報董事長。高中程度以下人員(除現場女性操作人員及臨時人員由經理核准外）呈總經理核准後，即通知錄取人員報到。備取人員除以書面通知列為備取外，並說明遇有機會得依序通知前來遞補。對於未取人員除應將原書表檢還外，還應附通知委婉說明未錄取原因。自登報招考到通知前來報到的間隔原則上不得超過一個月。

第七條　報到應繳文件

新進人員報到時應填交人事資料卡、安全資料、保證書、體檢檢驗表、戶口謄本及照片，並應繳驗學歷證書、退伍證及其他經歷證明文件。

第八條　試用

新進人員均應先行試用 40 天。試用期間應由各廠處參照其專長及工作需要，分別規定見習流程及訓練方式，並指定專人負責指導。

第九條　訓練計劃

有關新進人員的訓練計劃規定另訂。

第十條　試用期滿的考核

新進人員試用期滿後由各負責指導人員或主管於「新進人員試用申請及核定表」詳加考核（大專以上學歷人員應附實習報告），並依第七條規定許可權呈核，如確認其适才適所則予以正式任用，如認為尚需延長試用應酌予延長，如確屬不能勝任或經安全調查有不法情況者即予辭退。

第十一條　處分規定

新進人員於試用期間應遵守本公司一切規定，如有受記過以上處分者，應即辭退。

第十二條　試用期間考勤規定

新進人員於試用期間考勤規定如下：

①事假達 5 天者應即予辭退。

②病假達 7 天者應即予辭退或延長其試用期予以補足。

③曾有曠職記錄或遲到三次者應即予辭退。

④公假依所需日數給假，其已試用期間予以保留，假滿複職後予以接計。

⑤其他假比照人事管理規則第二十一條規定辦理。

第十三條　停止試用或辭退

經停止試用或辭退者，僅付試用期間的薪金，不另支任何費用，亦不發給任何證明。

第十四條　試用期間的待遇

試用期間薪金依人事管理規則薪級表標準核質，試用期間年資、考勤、獎懲均予並計。

第十五條　實施及修改

本辦法經經營決策委員會通過後實施，修改時亦同。

◎　行銷部新員工培訓實施綱要

第一條　凡新進人員之教育培訓，除人事管理規則及員工教育實施辦法另有規定外，悉依本綱要實施。

第二條　本綱要所謂新進入員系臨時職員、試用人員、臨時雇用人員及其他認為應接受培訓的員工。

第三條　培訓的宗旨與目的如下：

1. 茲為新進人員明瞭企業機構之組織系統，進而瞭解本公司組織概況、各部科分管的庶務營業方針，暨有關人事管理規章，使其能恪遵章則，竭誠操守業務。

員工培訓記錄表

姓名	1			2			3			費用合計
	培訓名稱	期間	費用	培訓名稱	期間	費用	培訓名稱	期間	費用	

2.使新進人員深切體認本公司遠大的抱負，激發其求知欲、創造心，不斷充實自己，努力向上，藉以奠定公司發展基礎。

第四條　本培訓的實施得斟酌新進人員每批報到人數之多寡另行排訂培訓時間，經核准後即可依照本綱要實施。

第五條　新進人員經培訓後，視其能力給予調派適當單位服務；但依實際需要得先行調派各單位服務者容後始補訓。

第六條　凡經指定接受培訓的人員，除有特殊情況事先經人事主管單位簽報核准得予請假或免訓者外，一律不得故意規避或不到，否則將從嚴論處。

第七條　培訓講習人員以部門經理為主體，科主管協助。

第八條　培訓課程的內容除以公司組織、各種管理章則、各部科掌管的庶務及營業方針等一般基本實務教育外，精神教育同時配合實施。

第九條　培訓課程的編排及時間，得依實際需要另行制訂。

員工培訓報告書

年　月　日

培訓名稱及編號		參加人員姓名	
培訓時間		培訓地點	
培訓方式		使用資料	
導師姓名及簡介		主辦單位	
培訓後的檢討	培訓人員意見	受訓心得（值得應用於本公司的建議）	
		對下次派員參加本訓練課程的建議事項	
	主辦單位意見		

新員工培訓計劃表

編號：　　　　　　　　　　　　　　　　擬定日期：

受訓人員	姓名		培訓期間	月　日　至 月　日　止	輔導員	姓　名	
						部　門	
						職　稱	
	學歷						
	專長						

項次	培訓期間	培訓日數	培訓專案	培訓部門	培訓員	培訓日程及內容
1	月　日至 月　日止	天			職稱： 姓名：	
2	月　日至 月　日止	天			職稱： 姓名：	
3	月　日至 月　日止	天			職稱： 姓名：	

經理：　　　　　　　　審核：　　　　　　　　擬定：

新員工培訓成績評核表

填表日期：　　年　　月　　日　　　　　　　　　　　編號：

姓　名		專　長		學　歷	
培訓期間		培訓專案		培訓部門	
一、新進人員對所施予培訓工作專案瞭解程度如何					
二、對新進人員專門知識(包括技術、語文)評核					
三、新進人員對各項規章、制度瞭解情況					
四、新進人員提出改善意見評核，以實例說明					
五、分析新進人員工作專長，判斷其適合工作為何，列舉理由說明					
六、輔導人員評語					

◎　行銷部業務員教育培訓辦法

第一條　針對「新進業務員」(含：剛由司機升為業務員者)：

1. 分公司經理應立即呈報營業部經理，由營業部經理安排「新進業務員」回總公司受訓；

2. 講師：廠長、營業部經理；

3. 受訓的最後一節課由總經理講話。

第二條　針對「分公司全體業務員」：

分公司全體業務員每年回總公司集訓兩次，每次兩天；總公司將設計課程，安排講師(含：內聘、外聘)。

第三條　總公司將安排分公司下列人員參加企管顧問公司的講習課程：

1.表現良好的業務員和表現良好的司機即將升為業務員者，參加業務員培訓課程；

2.分公司經理和主任參加「營業主管」、「行銷」、「會計」、「財務」、「法務」「領際統籌」等課程。

［註］：

⑴請各公司經理隨時將表現良好的業務員和司機即將升為業務員的名單，呈報營業部經理並安排參加企管顧問公司的講習課程；

⑵分公司人員參加企管顧問公司的講習課程，學費由

總公司負擔，其他交通費、膳宿費等由分公司自理；

⑶參加企管顧問公司講習課程的人員，將書面教材影印一份交總公司，供總公司今後有關人員進修研習。

◎薪金保密管理辦法

第一條　本公司為鼓勵各級員工各盡職守，且能為公司贏利與發展積極提供貢獻的實施以貢獻論酬精神的薪金制度，為培養以貢獻為爭取高薪的風度與避免優秀人員遭到嫉妒起見，特推行薪金保密管理辦法。

第二條　各級主管應領導所屬人員養成不探詢他人薪金的禮貌、不評論他人薪金的風度，以工作表現爭取同情的精神。

第三條　各級人員的薪金除公司主辦核薪的人員和發薪的人員與各級直屬主管外，一律保密；如有違反，罰則如下：

1.主辦核薪及發薪人員，非經核准外，不得私自外泄任何人薪金；如有洩漏，另調他職；

2. 探詢他人薪金者，扣發 1/4 年終獎金；

3. 吐露本身薪金者扣發 1/2 年終獎金，因而招惹是非者扣發年終獎金。

4. 評論他人薪金者扣發 1/2 年終獎金，因而招惹是非予以停職處分。

第四條　薪金計算如有不明之處，報經直屬主管經辦人查明處理，不得自行理論。

第五條　本辦法經經理級會議研討並呈奉總經理核准後實施，修改時亦同。

◎行銷部薪資辦法

第一章　營業主任薪金管理辦法

第一條　本公司營業主任的待遇除另有規定外，悉依本辦法辦理。

第二條　本公司營業主任的待遇包括：

1. 本薪；　　2. 車輛津貼；

3. 交際津貼；　　4. 成交獎金；

5. 職級加給；　　6. 職務加給；

7. 績效獎金；　　8. 年終獎金；

第三條　職務加給：

本公司營業主任的職務加給依該組上月與本月組平均數按「職務加給發給標準表」所列標準表如下。

1. 上月與本月組績平均數的計算方式為：

（上月全組實績總額+本月全組實績總額）÷（上月全組編制人數+本月全組編制人數）；

2. 職務加給的發給標準如下表：

職務加給發給標準表

級　別	上月與本月組績平均數	加　　給
9	19 萬以上	360000
8	18 萬以上	330000
7	17 萬以上	300000
6	16 萬以上	270000
5	15 萬以上	240000
4	14 萬以上	210000
3	13 萬以上	180000
2	12 萬以上	150000
1	11 萬以上	120000

3. 初任營業主任其職務加給一律依第一級的標準發給；

4. 本公司的營業主任連續 2 個月業績平均數在 8 萬元以下，除因情況特殊、經呈報總經理核准繼續擔任外，該組營業主任應予降調為外務人員。

第四條　績效獎金：

1. 本公司的營業主任得依其所隸屬單位（如遇人事變動時，應以變動後所隸屬單位為準）每月的經營績效競賽成績依《經營績效獎金發放辦法》的規定以七個基點作為計算標準參與分配績效獎金；

2. 正式外務員不論其於月內之任何一天升營業主任，均得依七個基點作為計算標準參與分配績效獎金。

第五條　年終獎金：

本公司營業主任年終獎金依下列規定發給：

1.服務滿 3 個月者，發給四分之一個月薪額的獎金；

2.服務滿半年者，發給二分之一個月薪額的獎金；

3.服務滿 9 個月者，發給四分之三個月薪金的獎金；

4.服務滿 1 年者，發給一個月薪額的獎金；

5.上列獎金系列以 2600 元加上職級加給及職務加給(全年度平均額)為計算的標準；

6.營業主任職期間如經降調為外務人員時，則年終獎金的計算標準悉依外務人員待遇辦法的規定辦理。

第二章　外務人員薪金管理辦法

第一條　本公司外務人員的薪金除另有規定外，悉依本辦法辦理。

第二條　本公司外務人員銷售商品(包括免稅交易)時，其實際的計算除另有規定外，悉依貨款兌現為準，依其實售價核算；惟有下列情況之一者不予核算實際：

1.實售價低於最低價而未經請示核准者；

2.貨款兌現期過長而未經請示核准者；

3.售予同行轉售者。

第三條　本公司外務人員每月實績的計算自每月 1 日開始，至該月底截止。

第四條　本公司外務人員的待遇包括：

1.本薪；　　2.車輛津貼；

3. 交際津貼；　　4. 成交獎金；

5. 職級加給；　　6. 績效獎金；

7. 年終獎金；

第五條　本薪

1. 本公司新進外務人員初任訓練期間，按日支薪 90 元整，不另發給任何津貼；惟其期間最長以 15 天為限，自受訓完畢開始推銷之日(即報到的第 16 天)起 2 個月內，為試用期間；試用期間本薪一律核定為 2600 元整；

2. 試用外務人員於試用 2 個月內，其實績總額達到 12 萬元以上者(或經單位主管准予試用 3 個月，其在 3 個月內實績總額達到 18 萬元以上者)，由該單位主管簽報所屬副總經理核准，自達成上述標準實績的次日起即予正式任用，並自核准生效日所屬月份的次月 1 日起，依正式外務人員本薪支給標準支給；

3. 本公司正式任用的外務人員，其本月的本薪以該員上月與本月實績總額平均數依下表標準核定：上月及本月實績總額平均數超過 30 萬，每增加達 1 萬則增加本薪 200 元整；

4. 正式外務人員，其上月與本月的實績總額在 12 萬元以下者，應即停止任用；惟經單位主管推薦執行副總經理核准繼續留用者，得改依試用人員任用，其本薪比照試用人員 2600 元支給；

5. 正式外務人員，任職期間應政府兵役單位召集，其間在 1 個月以內者，其實績的計算得扣除公假天數換算；

6. 試用外務人員於初任訓練及試用期間，請假或應政府兵役單位召集，不論期間長短一律不予發給薪金；惟其試用期間得依請假天數延長試用。

第六條　車輛津帖

本公司的試用外務人員及正式處務人員自備車輛者，依其實際外出推銷的日數核實發給車輛津貼及燃料費，其金額依車輛汽缸的大小規定如下：

1. 機車

⑴機車津貼

①50CC 以下：每月津貼 600 元；

②51CC 以上：每月津貼 1000 元；

③150CC 以上：每月津貼 1500 元。

⑵機車燃料費

依石油公司單據實報實銷，惟例假日非加班加油者或單據上未打上牌照號碼者，不得報支。

2. 汽車

⑴汽車津貼

①1200CC 以下：每月津貼 2000 元；

②1200CC 以上：每月津貼 3000 元。

⑵汽車燃料費

依石油公司單據實報實銷，惟每月費用報支累計額不得超過 1200 元(超過 1200 元者以 1200 元計算)；單據上未打上牌照號碼者，不得報支。

外務人員本薪支給標準

上月及本月實績總額平均數(單位：元)	本月本薪核定(單位：元)
6 萬以下	2000
6 萬以上	2100
7 萬以上	2200
8 萬以上	2300
9 萬以上	2400
10 萬以上	2500
11 萬以上	2600
12 萬以上	2700
13 萬以上	2800
14 萬以上	3000
15 萬以上	3200
16 萬以上	3400
17 萬以上	3600
18 萬以上	3800
19 萬以上	4000
20 萬以上	4200
21 萬以上	4400
22 萬以上	4600
23 萬以上	4800
24 萬以上	5000
25 萬以上	5200
26 萬以上	5400
27 萬以上	5600
28 萬以上	5800
29 萬以上	6000
30 萬以上	

第七條　本公司試用外務人員及正式外務人員交際津貼每月 150 元整，依實際外出推銷的日數核實發給。

第八條　成交獎金

1. 本公司正式外務人員成交獎金系依其每月所銷售商品實售價與最低價的比率、貨款兌現期間的長短（自商品開立發票後的次日起算）按《成交獎金比率表》（見下表）所列相關比率與實售價的成績核算；

成交獎金比率表

	100%	99%以上	98%以上	97%以上	96%以上	95%以上	94%以上	93以上	92%以上	91%以上
5 天以下	8	7.5	7	6.5	6	5.5	4.5	3.5	2.5	1.5
10 天以下	7.5	7	6.5	6	5.5	5	4	3	2	1
15 天以下	7	6.5	6	5.5	5	4.5	3.5	2.5	1.5	
20 天以下	6.5	6	5.5	5	4.5	4	3	2	1	
25 天以下	6	5.5	5	4.5	4	3.5	2.5	1.5		
30 天以下	5.5	5	4.5	4	3.5	3	2	1		
35 天以下	5	4.5	4	3.5	3	2.5	1.5			
40 天以下	4.5	4	3.5	3	2	1.5				
45 天以下	4	3.5	3	2.5	2	1				
50 天以下	3.5	3	2.5	2	1.5					
55 天以下	3	2.5	2	1.5	1					
60 天以下	2.5	2	1.5	1						
65 天以下	2	1.5	1							
70 天以下	1.5	1								
70 天以上	1									

2. 本公司的試用外務人員於試用的 2 個月內，其各筆交易的實績依核算日期的先後依序累計算 12 萬元時（或試用 3 個月內實績滿 18 萬元時）得自實績達到上述標準的次一筆交易（如累計額超過上述標準時，得就其超過部份按比率依最後一筆交易的成交獎金換算成交獎金）依《成交獎金比率表》所列相關比率與實售價的成績核發成交獎金；

3.銷售商品時連帶估回舊機的交易，其實售價按公司淨收額為準；

4.貨若系分為數次收回或一次收到不同到期日的票據者，則其貨款兌現期間系指平均到期日或最後尾款到期日；超過 1 個月的交易應經事先請示單位主管；超過 2 個月的交易應事先請示副總經理核准；超過 3 個月一律不予核算成交獎金；

5.實售價在最低價以上時，其售價比率一律依 100%核計成交獎金；

6.免稅交易應待訂妥合約並取得客戶的委託書後始得開立發票，並於貨款兌現時先行依實售價核發二分之一的成交獎金，僅取得免稅令或加工品免稅證明後，再予核算其餘二分之一；惟免稅令雖已取得，但因超過合約規定期限，致無法抵交關稅亦無法向客戶取得賠償者，同不再核算其餘二分之一的成交獎金；

7.本公司各商品的最低價另訂；凡銷售當時未列有最低價的商品，不論是否由公司進口，其最低價悉由總經理核定；

8.實售價如在最低價以下，應經事先請示核准；未經事先請求核准者其成交獎金不予核發，其因而致使本公司遭受損失，並應由經辦人員負責賠償全部損失；

9.為配合特殊商品的銷售、特殊市場的開發或特殊方式交易，其成交獎金的核算方法得另行公佈或由總經理個案評定；

10.成交資金的發給日期為貨款收回(現金或票據)月份的次月 10 日；惟所隸屬的單位(部、分公司)當月月底未收款餘額佔當月與上月銷貨平均額 50%以上者，則該月份其成交獎金的發給日期須等貨款全部兌現日所屬月份的次月 10 日發給。

第九條　職級加給

1. 本公司正式任用的外務人員，其職級一律核定為第一級，服務滿半年以上者，得參加年終考績晉級，依考績結果升降如下：

(1)考績列 A 等者晉升二級；

(2)考績列 B 等者晉升一級；

(3)考績列 C 等者保留原級；

(4)考績列 D 等者應降一級；

(5)考績列 E 等者應予免職。

2. 職級共分十級，依其級別的薪點數，每一薪點以 14 元折算，每月發給職級加給如下表

級別	10	9	8	7	6	5	4	3	2	1
職級另給薪點	128	118	107	96	83	70	55	40	20	0

第十條　績效獎金第 10 級以後得比照第 10 級與第 9 級的增加幅度(10 個薪點)酌情遞增：

1. 本公司的正式外務人員，得依其所隸屬單位(如遇人事變動時，應以變動後所隸屬單位為準)每月的經營績效競賽成績依《經營績效獎金發放辦法》的規定以五個基點作為計算標準參與分配績效獎金；

2. 試用外務人員不論其於月內的任何一天升任正式外務人員，均得參與分配績效獎金。

第十一條　年終獎金

本公司正式外務人員年終獎金依下列規定發給：

1. 服務 3 個月者，發給四分之一個月薪的獎金；

2. 服務滿半年者，發給二分之一個月薪額的獎金；

3. 服務滿 9 個月，者發給四分之三個月薪額的獎金；

4.服務滿 1 年者，發給一個月薪額的獎金；

5.上列獎金系以 2600 元加上職級加給作為計算的標準；

6.試用外務人員或服務未滿 3 個月者，不發給年終獎金。

第十二條　本公司試用外務人員連續兩個月其實績總額不足 10 萬元(或三個月未達 15 萬)者，除因情形特殊經單位主管簽報所屬副總經理核准留用外，應予停止試用。

第十三條　各員銷售時，應負責收回全部貨款，遇到賬致收回票據未能如期兌現時，經辦人應負責賠償售價或損失的 50%(所售對象為私人時，經辦人應負責賠償售價或損失的 100%)，但收回的票據若非統一發票抬頭客戶正式背書因而未能如期兌現或交貨尚未收回貨款或產品尚在試用中，按公司作業手續齊全者，經辦人應負責賠償售價或損失的 100%；但經主管簽證者，該主管應負連帶賠償售價或損失的 10%，其主辦人應負責賠償售價或損失的 90%，產品遺失時，經辦人應負責賠償底價 100%(以上所稱的售價如高於最低價時，以最低價計算)。上述賠償應於發生後即行簽報，若經辦人於事後追回產品或貨款時，應悉數交回公司，再由公司就其原先賠償的金額依比例發還。

第 9 章

行銷部的應收帳款管理

◎應收賬款管理制度

第 1 章　總則

第 1 條　為了規範本企業應收賬款的管理工作，確保應收賬款能及時收回，減少出現呆、壞賬的次數，確保企業在法律上的各項權益，特制定本制度。

第 2 章　收款一般規定

第 2 條　銷售專員每天需將當天所收到的款項，填具《繳款單》，交營業會計點收。營業會計點收後，於《繳款單》上簽字，並將第三聯交還銷售專員。

第 3 條　銷售專員當天未收到款項的客戶簽單，需當天繳到營業會計處。第二天欲前往收款時，再向營業會計處領取。

第 4 條　營業會計每天應編制《銷貨日報表》，並於當天下班前，將其連同支票、《銷貨退回折讓證明單》及所有銷售專員的《繳款單》第一聯(第二聯存留於企業財務部)，呈交總經理核閱。

第 5 條　收款時，倘因客戶要求而同意尾數折讓時，除應詳細填寫《銷貨折讓證明單》，並由客戶證實蓋章外，還應交回營業會計核准。倘未取得《銷貨折讓證明單》，一律於當月自該部門獎金中，就其短少部份，全數扣除。

第 6 條　營業會計需為每家廠商設立《應收賬款明細表》，各廠商的銷貨及收款情況·均需逐筆登錄。每月底，營業會計需編制《應收賬款月報表》，並於次月 3 號前，上報到企業財務部。

第 7 條　客戶要求換貨時，一律先辦理銷貨退回(填具《出貨單》，蓋退貨字樣，代替《退貨單》)，再依正常手續辦理出貨。

第 3 章　不同款項的處理

第 8 條　未收款。當月貨款未能於次月 5 號以前回收者，自即日起至月底止，列為未收款。

第 9 條　未收款的處理辦法

⑴當月貨款未能於次月 5 日以前回收者，財務部應於每月 10 日以前將其明細列支銷售部審核。

⑵出現上述情形時，該轄區主管，應於未收款期限內，監督下屬進行解決。

第 10 條　催收款。未收回賬款未能於前項期限內回收者，即轉列為催收款。

第 11 條　催收款的處理辦法

⑴未收款未能依上列(「未收款的處理辦法」第 2 款)解決，以致轉為催收款者，該轄區主管應於久收款轉為催收款後 5 天內將其

未能回收的原因及對策，以書面提交副總經理，呈總經理核示。

⑵貨款經列為催收款後，副總經理應於 30 日內監督下屬進行解決。

第 12 條　呆賬。經銷商有下列所述的情形者，其貨款列為準呆賬：

⑴經銷商已宣告倒閉或雖未正式宣告倒閉，但其徵候已漸明顯者。

⑵經銷商因他案受法院查封，貨款已無清償的可能者。

⑶支付貨款的票據一再退票，卻沒有令人可以相信的理由者，並已停止出貨一個月以上者。

⑷催收款迄今未能解決，並已停止出貨一個月以上者。

⑸其他貨款的回收明顯有重大困難的情形，經簽准依法處理者。

第 13 條　準呆賬的處理辦法

⑴準呆賬的處理以營業單位為主，至於所配合的法律程序，由法務部另以專案研究處理。

⑵正式採取法律途徑以前的和解，由法務部會同市場行銷部前往處理。

⑶法律程序由法務部另以專案簽准辦理，並隨時請市場行銷部協助有關事項。

第 14 條　準呆賬的檢查

準呆賬移送法務部後，由法務部請董事會定期召集營業、企劃、財務等部門，召開檢查會，檢查案件的前因後果，列為前車之鑑，並評述有關人員是否失職。

第 4 章　倒賬管理規定

第 15 條　銷售專員應充分掌握倒賬的時效及處理要領，避免使企業蒙受不必要的損失。

第 16 條　企業若發生倒賬的情況，或判斷即將發生倒賬時，必須迅速。通知企定法務部處事，禁止「知情不報」或「矇騙」的情況發生，若再有類似過失，損失由當事人(銷售專員及直屬主管)負責。

第 17 條　銷售專員若有離職或調職，必須移交清冊，一份呈交企業，且移交的結賬清單要共同會簽，直屬主管要負起實地監交責任。若移交不清，接交人可拒絕接受「呆賬」(應於接交日起 3 天內提出書面報告)，否則須承擔移交後的責任，所有人員不得推卸責任。

第 5 章　其他規定

第 18 條　銷售專員、收賬人員應瞭解企業應收票據的管理辦法，瞭解支票的使用方法。

第 19 條　本制度根據企業相關財務制度制定，報總經理審批後，自公佈之日起執行。

第 20 條　本制度由財務部解釋。

◎業務員收款守則

第一章　帳單分發

第一條　財務部賬款組依業務員類別整理帳單，定期彙集編制帳單清表一式三份，將帳單清表二份連同帳單寄交業務人員簽收。

第二條　業務人員收到帳單清表時，一份自行留存，另一份應盡速簽還財務部賬款組，如發現有不屬本身的帳單，應立即以掛號寄回。

第三條　各戶要求寄存帳單時，應填寫「寄存帳單證明單」一份，詳列筆數金額等交由客戶簽認，收款時才交還予客戶。如因寄存帳單未取得客戶簽認致不能收款時，由業務人員負責賠償。

第四條　收到公司寄來的帳單後，於訪問時如未能立即收款，則應取得客戶於帳單上的簽認，若未能取得客戶的簽認，則應盡速於發貨日起 3 個月內，向總務部申請取得郵局包裹追蹤執據，只憑收款，逾期不辦以致無法收取貨款時，由業務人員負責賠償。

第二章　收款處理流程

第五條　業務人員於每日收到貨款後，應於當日填寫收款日報表，一式四份一份自留，三份寄交公司財務部出納組。

第六條　屬於本市的直接將現金或支票連同收款日報表第一、第二、第三聯親自交出納並取得簽認。

第七條　外埠地區的應將現金部份填寫××銀行送款單或郵政劃撥儲金通知單，存入附近××銀行分行或郵局。

次日上午將支票，××銀行送款單存根或郵政劃撥單存根，用迴紋針別於收款日報表第一、第二、第三聯，以掛號寄交財務部出納組。

業務人員應將掛號收執貼於自存的收款日報表左下角備查。

第三章　收款票期規定

第八條　依客戶的區別規定如下：

1. 直接客戶。以貨到收款為條件者，由送貨員收取現金。簽收的客戶，則為銷貨日起 1 個月內的支票或現金。

2. 一般商店。自銷貨日期起 3 個月內的票期。

第九條　收款票期超過公司的規定時，依下列方式計算收款成績。

1. 超過 1～30 天時，扣該票金額 20%的成績。
2. 超過 31～60 天時，扣該票金額 40%的成績。
3. 超過 61～90 天時，扣該票金額 60%的成績。
4. 超過 91～120 天時，扣該票金額 80%的成績。
5. 超過 121 天以上時，扣該票金額 100%的成績。

第四章　收取票據須知

第十條　法定支票記載的金額、發票人圖章、發票年月日、付款地、均應齊全，大寫金額絕對不可更改，否則蓋章仍屬無效，其他有更改之處，務必加蓋負責人印章。

第十一條　支票的抬頭請寫上「××股份有限公司」全稱。

第十二條　跨年度時，日期易生筆誤，應特別注意。

第十三條　字跡模糊不清時，應予退回重新開立。

第十四條　收取客票時，應請客戶背書，並且寫上「背書人×

×股份有限公司」，千萬不可代客戶簽名背書。

第十五條　「禁止背書轉讓」字樣的客票，一律不予收取。

第十六條　收取客戶客票大於應收賬款時，不應以現金或其他客戶的款項找錢，應依下列方式處理。

1. 支票到期後，由公司以現金找還。
2. 另行訂購抵賬，或抵交未付賬款中的一部份。

第十七條　本公司無銷貨折讓的辦法，如因發票金額誤開，需將原開統一發票收回，寄交公司更改或重新開立發票。

如無法收回而不得已需抵扣時，則於下次向公司訂貨時，以備忘錄說明，經業務經理核准後扣除，不得於收款時，扣除貨款或以銷貨折讓方式處理，否則尾數由業務人員負責。

◎賬款管理細則

第一條　凡銷貨或服務收入均應開立統一發票，並依序填入當天之「銷貨報告」或「服務收入報告」中，同時過入「人名別應收賬款明細卡」中，不得漏開、短開或多開。

第二條　遇銷貨退回或重開發票時，均應將原開統一發票的收執聯收回作廢，並填制「銷貨退回通知單」，以赤字填入當天的「銷貨報告」或「服務收入報告」中列為其減項，同時在備註欄中註明原開發票日期，並過入「人名別應收賬款明細卡」中。

第三條　遇銷貨退回應於銷貨發生 60 天內依規定手續向當地稅捐稽征機關辦理抵繳，如超過 60 天者不得辦理抵繳已繳的營業稅及印花稅；故遇有銷貨退回或發票重開而其日期超過 60 天以上者，應由客戶賠償稅捐損失；退貨或發票遺失其原因如系外務員疏忽所致，則稅捐損失應責由外務員負責賠償。

第四條　於銷貨當天若未能收回賬款時，交貨人(送達統一發票者)應與客戶約定收款日並將填妥的「統一發票簽收單」交由會計員妥善保管，「統一發票簽收單」應具備下列各要點：

1. 交貨人(送達統一發票者)於「統一發票簽收單」上簽名；
2. 經辦人(成績歸屬者)於統一發票副聯簽名；
3. 填明約定收款日期及約定付款條件；
4. 客戶正式蓋章後其簽收人簽名。

第五條　每筆未收款均應附有「統一發票簽收單」。若有銷貨當天未交出該簽收單或缺少規定要件的記載等事情，會計員應於次日上班早會前報由單位主管糾正，務必按規定辦理，否則應由單位主管簽名負責。

第六條　會計員收回「統一發票簽收單」後，應即將其「約定收款日」及「付款條件」逐筆登載於「人名別應收賬款明細卡」的有關各欄中備查。

第七條　會計員應將「統一發票簽收單」按「約定收款日」的先後秩序排列妥為保管；遇有攜出收款時應設登記簿由取單者簽名備查，若於當天未能收回賬款時應即向取單者收回註銷登記。

第八條　凡賬款約定收款日到達者，會計員應主動轉告賬款歸屬人或請單位主管派員前往收取。如有客戶要求延期付款情事發生時，前往收款人應將重新更改約定收款日填明於「統一發票簽收單」中，並將該單交回會計員註銷登記，及時更改「人名別應收賬款明細卡」上的記載。

應收賬款分析表

月份	銷售額	累計銷售額	未收賬款	應收票據	累計票據	未貼現金額	兌款金額	累計金額	退票金額	壞賬金額
1 月										
2 月										
…										
分析										

第九條 凡應收賬款其約定收款日不得超過一個月；若有超過此一期限者，會計員應報備單位主管在簽單上簽字同意。

第十條 賬款收回時，會計員應即將其填入當天「出納日報表」的「本日收款明細表」欄中，並過入「人名別應收賬款明細卡」中，憑此銷賬及備查。

第十一條 收回現金者，應於當日或翌日上班時如數交會計員入賬，若有延遲繳回或調換票據繳回首，均依挪用公款議處；收回票據的開票人若非與統一發票抬頭相同者，應經同一抬頭客戶正式背書，否則應責由收款人親自在票據上背書，並註明客戶名稱備查，若經查明該票據非客戶所交付者，即視同挪用公款議處。

第十二條 票據到期日距統一發票開立日期不得超過 30 天者，超過 30 天以上者應由經辦人填具「交貨通知(請示)單」並依權責劃分辦法處理。凡賬款以分期付款方式收回時應由經辦人提出與客戶所立的合約書經單位主管呈報執行副總經理核准。

第十三條　凡銷貨退回或前開發票作廢者，若未取回原開發票收執聯作廢者，不得重開統一發票；惟經書面呈報總經理特准者不在此限。

第十四條　每月 3 日應詳填「各員未收款明細表」(淨額)兩份，由經辦人逐筆親自簽名承認未收，其約定收款日據統一發票開立日期超 1 個月以上者並應註明原因，填妥後一份寄總公司財務部查核，一份呈報單位主管加強催收。

第十五條　「各員未收款明細表」總合計的金額應與月底當天的收款明細表的本日未收款餘額的數字相符，逾期 1 個月及 2 個月以上未收款明細表隨同「各員未收款明細表」一併呈報。

第十六條　凡遇客戶惡性倒閉或收回票據無法兌現，或未事先言明而於收款不付等事情，無法取得客戶正式簽署的，「銷貨折讓證明單」時，均視同壞賬處理，壞賬的發生，除按外務人員待遇辦法等規定的賠償辦法辦理外，該筆交易的成交獎金不准發給，其已發給者則應予追回。

第十七條　凡為維護價，事先與客戶約定高開發票銷貨折讓者，或事後同意客戶尾款不付等情事發生，除應報請單位主管同意外，還應取得銷貨折讓證明單，詳填原因，由客戶證明實收金額及證實簽章後，交回各單位會計員處，該筆交易應辦退回，同時再記一筆實收金額的銷貨記錄，其銷貨折讓後的金額若低於最低價者，仍須補辦低價請示手續。成交獎金之計算則依實金額計算。

第十八條　本辦法由財務部呈總經理核准公佈後實施，修訂時同。

◎收款管理的帳單規定

第一條　儲運部管制組依業務人員按地區劃分整理帳單，定期彙集編制帳單清表一式三份，將帳單清表兩份連同帳單寄交業務人員簽收。

第二條　業務人員收到帳單清表時，一份自行留存，另一份應迅速簽還儲運部管制組；如發現有不屬本身的帳單，應立即以掛號寄回。

第三條　客戶要求寄存帳單時，應填寫「寄存帳單證明單」一份，詳列筆數金額等，交由客戶簽認。收款時才交還予客戶；如因寄存帳單未取得客戶簽認致不能收款時，由業務人員負責賠償。

第四條　收到公司寄來的帳單後，訪問時如未能立即收款，則應取得客戶收帳單和簽認；若未能取得客戶的簽認，則應迅速於寄發日起 3 個月內向儲運部申請取得郵局包裹追蹤執據，憑以收款，否則逾期不辦致無法收取貨款時，由業務人員負責賠償。

心得欄

收款通知書

年　月　日至　年　月　日止

＿＿＿＿＿＿號

承蒙　貴行賜顧，深為感謝。

茲送上貴行本分應收賬款明細賬一份　編號＿＿＿＿字＿＿＿

敬請查收核月對為荷

銷貨		品名	等級	數量	單位	單價	金額										備註
月	日						千	百	十	萬	千	百	十	元	角	分	

公司

本公司於本(　)月　日起至　日之間派員到　結算收款行

敬請多予指導與協助，至為感謝！

◎應收票據與應收賬款處理細則

第一條　為確保公司權益，減少壞賬損失，依國內營業處理辦法第六條的規定，特制定本細則。

第二條　各營業部門應依國內營業處理辦法第四條的規定為妥客戶征信調查，並隨時偵察客戶信用的變化(可利用機會通過 A 客戶調查 B 客戶的信用情形)，簽註於徵信調查表相關欄內；但政府機關、公營事業，信用良好的民營大企業及機會性的小金額或現金交易客戶應不受此限。

第三條　營業部門至遲應於出貨日起 30 日內收款，當然，不銹鋼及特殊鋼因限於同業習慣，應於 55 天內收款，如超過上列期限者，總管理處即依查得資料，就其未收款項詳細列表通告各營業部門主管核閱以督促加強催收。如超過 60 天尚未收回其金額在 5 萬元以上者，營業部門應即填列應收賬款未收報告表送總管理處參考辦理，但政府機關、公營事業及民營大企業等定有其內部付款流程者，應依其規定。

第四條　賒銷貨品收受支票時，應注意下列事項：

1. 注意發票人有無許可權簽發支票；

2. 非該商號或本人簽發的支票，應要求交付支票人背書；

3. 注意查明支票有效的絕對必要記載事項，如文字、金額、到期日、發票人蓋章等是否齊全；

4. 注意所收支票帳號號碼越少表示與該銀行往來時間越長，信用較為可靠(可直接向付款銀行查明或請財務部協辦)；

5. 注意所收支票帳戶與銀行往來的時間、金額、退票記錄情況(可直接向付款銀行查明或請財務部協辦)；

6. 支票上文字有否塗改、塗銷或變造；

7. 注意支票記載何處不能修改(如大寫金額)，可更改者是否於更改處加蓋原印鑑章，如有背書人時應同時蓋單；

8. 注意支票上的文字記載(如禁止背書轉讓字樣)；

9. 注意支票是否已逾到期日 1 年(逾期 1 年失效)；如有背書人，應注意支票提示期限是否超過第六條的規定；

10. 儘量利用機會通過 A 客戶注意 B 額支票(或客票)的信用。

第五條　本公司收受的支票提示付款期限，至遲應於到期日後 6 日內辦理。

第六條　本公司收受的支票「到期日」與「兌現日」的計算：

1. 本埠支票到期日兌現；

2. 近郊到期日 2 日內兌現。

第七條　所收支票已繳者，如退票或因客戶存款不足，或其他因素，要求退回兌現或換票時，營業單位應填具票據撤回申請書經部門主管簽准後，送總管理處辦理；營業部門取回原支票後，送總管理處辦理，營業部門取回原支票後，必須先向客戶取得相當於原支票金額的現金或擔保品，或新開支票，始將原支票交付，但仍須依上列規定辦理。

第八條　應收賬款發生折讓時，應填具折讓證明單，並呈主管批准後方可辦理(如急需時可先行以電話取得主管的同意，而後補辦)；或遇有銷貨退回時，應於出貨日起 60 天內將交寄貨運收據及原始統一發票取回，送交會計人辦理(如不能取回時，應向客戶取得銷貨退回證明)，其折讓或退回部份，應設銷貨折讓及銷貨退回科目表示，不得直接從銷貨收入項下減除。

第九條　財務部門接到銀行通知客戶退票時，應即轉告營業部門，營業部門對於退票無法換回現金或新票時，應即寄發存證信函通知發票人及背書人，並迅速擬訂善策處理，並由營業部門填送呆賬(退票)處理報告表，隨附支票正本(副本留營業部門供備忘催辦)及退票理由單，直接送總管理處依法辦理。

第十條　營業部門對退票聲訴事件送請總管理處辦理時應即提供下列資料：

1. 發票人及背書人戶籍所在地(先以電話告知財務部)；

2. 發票人及背書人財產(土地應註明所有權人、地段、地號、面積、設定抵押)；應注意所有權人、建號、建坪持分、設定抵押；其他財產應註明名稱、存放地點、現值等；

3. 其他投資事業。

第十一條 總管理處接到呆賬(退票)處理報告表，經呈准後 2 日內應依法申訴，並隨時將處理情形通知各有關單位。

第十二條 上列債權確認無法收回時，應專案列表送總管理處，並附原呆賬(退票)處理報告表存根聯及稅務機關認可的合法憑證(如法院裁定書，或當地檢察機關證明文件，或郵政信函等)呈總管理處總經理核准後，方可沖銷應收賬款。

第十三條 依法申訴而無法收回債權部份，應取得法院債權憑證，交財務部列冊保管；倘事後發現債務人(利益償還請求權時效為 15 年內)有償還能力時，應依上列有關規定申請法院執行。

第十四條 本公司營業人員不依本準則的各項規定辦理或有與結行為，致使本公司權益蒙受損失者，依人事管理規則論處，情節重大者移交法辦。

第十五條 本細則經呈准後公佈實施，修訂時亦同。

應收迪斯可款控制表

廠商	上月應收賬款	本月出資	本月減項				本月底應收賬款			
			回款	退款	折讓	合計	月	月	月	合計
合計										
百分比										

核准：　　　　　　　　復核：　　　　　　　　製表：

◎會計員賬款回收考核細則

第一條　為激勵各分公司會計人員，努力協助業務代表催收賬款，以加速賬款回收，並藉以評核其賬款作業績效，特制定本辦法。

第二條　分公司會計人員應依應收賬款管理辦法的規定，切實執行賬款作業，以使該分公司每月的應收賬款比率保持在 200%以下，且無逾期賬款的記錄，並應逐日或每週提供分公司主管有關各業務代表未收款情況的資料，以確保各筆賬款的安全。

第三條　凡各分公司達成月份業績目標，而其當月底的應收賬款比率(月底應收賬款餘額/當月份的銷貨淨額)在 200%以下者，該分公司會計員應予獎勵如下：

1. 月底應收賬款比率 125%以下者，獎金 500 元；

2.月底應收賬款比率 150%以下者，獎金 300 元；

3.月底應收賬款比率 175%以下者，獎金 200 元。

第四條　分公司會計員因努力協助催收應收賬款，而使該單位應收賬款比率連續 3 個月維持 200%以下者，一律另予嘉獎一次。反之，若因賬款控制不佳，致賬款比率連續兩個月超過 250%以上者，則應予申誡一次的連帶處分。

第五條　合乎第三、第四條規定的分公司，當月底止或第 3 個月底止的逾期賬的 5 筆以上，或其逾期賬款總額在人民幣 5 萬元以上者，該分公司會計人員不予獎勵。但逾期賬經事先以書面呈報副總經理以上主管核准者，應不列入計算。

第六條　收回的票據，票期逾應收票據管理辦法的票面金額視為未收款。

◎問題賬款處理細則

第一條　為妥善處理「問題賬款」，爭取時效，以維護本公司與銷貨經辦人的權益，特制定本細則。

第二條　本辦法所稱的「問題賬款」系指本公司營業人員於銷貨過程中(含表演與試用)所發生被騙、被倒賬、收回票據無法如期兌現或部份貨款未能如期收回等情形的案件。

第三條　因銷貨而發生的應收賬款自發票開立之日起逾 2 個月尚未收回，亦未按公司規定辦理銷貨退回者，視同「問題賬款」。但情形特殊經呈報副總經理特准者不在此限。

第四條　「問題賬款」發生後，該單位應於 2 日內據實填妥「問題賬款報告書」(以下簡稱報告書)，並檢附有關證據、資料等，依序呈請單位主管查證並簽注意見後，轉請人事部協助處理。

第五條　前條報告書上的基本資料欄由單位會計員填寫，經過情形、處理意見及附件明細等欄由銷貨經辦人填寫。

第六條　人事部應於收到報告書後 2 日內與經辦人及單位主管協商，瞭解情況後擬訂處理辦法，呈請直屬副總經理批示，並協助經辦人處理。

第七條　經批示後的報告書，人事部應即複印一份通知財務部備案，如為尚未開立發票的「問題賬款」，則應另複印一份通知財務部備案。

第八條　倉庫部接到人事部轉來的報告書後，應將「問題賬款」的商品，專案列賬，免受試用日數的限制。

第九條　經辦人填寫報告書，應注意：

1. 條必親自據實填寫，不得遺漏；

2. 發生原因欄如勾填「其他」時，應在括弧內簡略註明原因；

3. 經過情形欄應從與客戶接洽時起，依時間的先後，逐一載明至填報日期止的所有經過情形。本欄空白若不敷填寫，可另加粘白紙填寫；

4. 處理意見欄是供經辦人自己擬具賠償意見之用，如有需公司協助者，亦請在本欄內填明。

第十條　報告書未依前條規定填寫者，人事部可退回經辦人，請其於收到原報告書 2 天內重新填寫提出。

第十一條　「問題賬款」發生後，經辦人未依規定期限提出報告書，請求協助處理者，人事部應不予受理。逾 15 天仍未提出者，該「問題賬款」應由經辦人負全額賠償責任。

第十二條　會計員未主動真寫報告書的基本資料或單位主管疏於督促經辦人於規定期限內填妥並提出報告書，致使經辦人應負全額賠償責任者，該單位主管或會計員應連帶受行政處分。

第十三條　「問題賬款」處理期間，經辦人及其單位主管應與人事部充分合作，必要時，人事部可借閱有關單位的帳冊、資料，並請有關單位主管或人員配合查證，該單位主管或人員不得拒絕或藉故推脫。

第十四條　人事部協助直線單位處理的「問題賬款」，自該「問題賬款」發生之日起 40 天內，尚未能處理完畢，除情形特殊經報請副總經理核准延期賠償者外，財務部應依外務人員、營業主任待遇辦法中有關倒賬賠償的規定，簽擬經辦人應贈償的金額及其償付方式，呈請執行副總經理核定。

第十五條　本辦法各條文中所稱「問題賬款」發生之日如為票據未能兌現，系指第一次收回票據的到期日。如為被騙，則為被騙，則為被騙的當日。此外的原因，則為該筆交易發票開立之日起算第 60 天。

第十六條　經核定由經辦人先行賠償的「問題賬款」，人事部仍應尋求一切可能的途徑繼續處理。若事後追回商品或貨款時，應通知財務部於追回之日起 5 天內依比率一次退還原經辦人。

第十七條　人事部對「問題賬款」的受理，以報告書的收受為依據，如情況緊急時，可由經辦人先以口頭提請人事部處理，但經辦人應於次日初具報告書。

第十八條　經辦人未據實填寫報告書，以致妨礙「問題賬款」的處理者，除應負全額賠償責任外，人事部還應視情節輕重簽請懲處。

◎呆賬管理細則

第一條　本公司為處理呆賬，確保公司在法律上的各項權益，特制定本規則。

第二條　各分公司應對所有客戶建立「客戶信用卡」，並由業務代表依照過去半年內的銷售實績及信用的判斷，擬定其信用限額(若有設立抵押的客戶，以其抵押標的擔保值為信用限額)，經主管核准後，應轉交會計人員善加保管，並填記於該客戶的應收賬款明細賬中。

第三條　信用限額系指公司可賒銷某客戶的最高限額，即指客戶未到期票據及應收賬款總和的最高極限。任何客戶的未到期票款，不得超過信用限額，否則應由業務代表及業務主管、會計人員負責，並負所發生呆賬的賠償責任。

第四條　為適應市場，並配合客戶的營業消長，每年分兩次，可由業條代表呈請調整客戶的信用限額，第一次為 6 月 30 日，第二次為 12 月 31 日，核定方式如第二條。

分公司主管視客戶臨時變化，應要求業務代表隨時調整各客戶的信用限額，但若因主管要求業務代表提高某客戶信用限額所遭致的呆賬，其較原來核定為高的部份全數由主管負責賠償。

第五條　業務代表所收受支票的發票人非客戶本人時，應交客戶以店章及簽名背書，經分公司主管核閱後繳交出納。若因疏忽所遭致的損失，則應由業務代表及分公司主管各負二分之一的贈償責任。

第六條　各種票據應按記載日期提示，不得因客戶的要求不為或遲延提示，但經分公司主管核准者不在此限。

催討換延票時，原票盡可能留待新票兌現後再返還票主。

第七條 業務代表不得以其本人的支票或代換其他支票認繳貨款，如經發現，除應負責該支票兌現的責任外，以侵佔貨款依法追究其責任。

第八條 分公司收到退票資料後，倘所退支票為客戶本人所屬發票人時，則分公司主管應即督促業務代表於 1 週內收回票款。倘所退支票有背書人時，應即填寫支票退票通知單，一聯送背書人，一聯存查，並進行催討工作，若因延誤所造成的損失，概由分公司主管及業務代表共同負責。

第九條 各分公司對催收票款的處理，在 1 個月內經催告仍無法達到催收目的，其金額在 2 萬元以上者，應即將該案移送保衛科依法追訴。

第十條 催收或經訴訟案件，有部份或全部票款未能收回者，應取具檢察機關證明、郵局存證信函及債權憑證、法院和解筆錄、申請調解的裁決憑證、破產宣告裁定等，其中的任何一種證件，送財務部作沖賬準備。

第十一條 沒有核定信用限額或超過信用限額的銷售而遭致呆賬，其無信用限額的交易金額，由業務代表負全數賠償責任。而超過信用限額部份，若經會計或主管阻止者，全數由業務代表負責賠償。若會計或主管未加阻止者，則業務代表賠償 80%，會計及主管各賠償 10%。

若超過信用限額達 20%以上的呆賬，除由業務代表負責賠償外，分公司主管則視情節輕重予以懲處。

第十二條 業務代表應防止而未防止或有勾結行為者，以及沒有合法營業場所或虛設行號的客戶，不論信用限額為多少，全數由業務代表負賠償責任。送貨簽單因歸罪於業務代表的疏忽而遺失，以致貨款無法回收者亦同。

第十三條　設立未滿半年的客戶，其信用限額不得超過人民幣2萬元，如違反規定而發生呆賬，由業務代表負責賠償全額。

第十四條　各分公司業務主管，業務代表於其所負責的銷售區域內，容許呆賬率(即實際發生呆賬金額除以全年銷售淨額的比率)設定為全年的5%。

第十五條　各分公司業務主管，業務代表其每年發生的呆賬率超過容許呆賬率的懲處如下：

1. 超過50‰未滿6‰，警告一次，減發年終獎金10%；
2. 超過6‰，未滿8‰，申誡一次，減發年終獎金20%；
3. 超過8‰，未滿10‰，小過一次，減發年終獎金30%；
4. 超過10‰，未滿12‰，小過二次，減發處終獎金40%；
5. 超過12‰，未滿15‰，大過一次，減發年終獎金50%；
6. 超過15‰以上，即行調職，不發年終獎金。

若中途離職，於是任期內的呆賬率達到上述的各項程度時，減發獎金的比例，以離職金計算。

第十六條　各分公司業務主管，業條代表其每年發生的呆賬率低於5‰時的獎勵如下：

1. 低於5‰(不包括5‰)，高於4‰(包括4‰)，嘉獎一次，加發年終獎金10%；
2. 低於4‰，高於3‰，嘉獎二次，加發年終獎金20%；
3. 低於3‰，高於2‰，小功一次，加發處終獎金30%；
4. 低於2‰，高於1‰，小功二次，加發年終獎金40%；

5. 低於 1‰，大功一次，加發年終獎金 50%；

若中途離職，不予計算獎金。

第十七條 各分公司業務主管，業務代表以外人員的獎勵，以該分公司每年所發生的呆賬率，低於容許呆賬率時實行。內容如下：

1. 低於 5‰(不包括 5‰)，高於 4‰(包括 4‰)，每人加發年終獎金 5%；

2. 低於 4‰，高於 3‰，每人加發年終獎金 10%；

3. 低於 3‰，高於 2‰，每人加發年終獎金 15%；

4. 低於 2‰，高於 1‰，每人加發年終獎金 20%；

5. 低於 1‰，每人加發年終獎金 25%。

第十八條 分公司因呆賬催討回收的票款，可作為其發生呆賬金額的減項。

第十九條 保衛科依第九條接受辦理的呆賬，依法催討收回的票款減除訴訟過程的一切費用的餘額，其承辦人員可獲得如下的獎金：

1. 在受理後 6 個月內催討收回者，獲得 20%的獎金；

2. 在受理後 1 年內催討收回者，獲得 10%的獎金。

第二十條 依第十一條已提列壞賬損失或已從呆賬準備沖轉的呆賬，業務人員及稽核人員仍應視其必要性繼續催收，其收回的票款，由催收回者獲得 30%獎金。

第二十一條 本規則的呆賬賠償款項，均在該負責人員的薪金中，自確定月份的開始，逐月扣稅，每月的扣稅金額，由其主管簽呈核准的金額為準。

◎　賬款催討方案

第一章　有選擇地開展銷售活動

一、銷售指導

1. 由於銷售時未給予週密考慮，往往造成貨款難以回收。

2. 關於這一點，應該更加明確地進行銷售指導，尤其銷售方法本身一定要兼顧到貨款回收的問題。

二、銷售對象的範圍

銷售專員必須在指定企業和規章制度許可的範圍內，進行銷售活動。

三、限制、禁止指定企業以外的銷售

凡非企業的正式員工，不得以企業的名義銷售給對方。

第二章　賬款催討原則

一、催款專職人員

賬款催討工作一定要由專職人員隨同原負責該款項目的銷售專員前往催討。

二、利用信函要求付款

在催款專職人員前往催款之前，須同時發出督促信函，懇請對方盡速支付貨款。

三、呆賬催討管理表的製作與利用

在催討呆賬時，一定要製作《催討管理表》，利用此表來把握銷售專員的催款進展狀況，必要時予以援助。

四、防患收款時的不正當行為

部分銷售人員在收到貨款之後不交回經營管理部門，對於這種行為須加強「收款處理手續」管理，以防患於未然。

五、對銷售專員施以指導教育

負責人須徹底掌握和瞭解銷售專員的個性，不斷對其實施有關貨款回收的指導教育。

第三章　催款處理

一、寄發催款信函

對於銷售專員的個人客戶，如經催款仍不見回應時，負責人應發函給該企業或其負責人，表示「這種狀況的持續將對貴企業不利」的意向，設法說服其付款。催款函格式如下所示。

催款函

×××企業(××經理)：

貴方於×××年××月××日向本企業訂購貨物××件，貨款金額計××萬元，發票編號為×××。可能由於貴方業務過於繁忙，以至於忽略承付。特致函提醒，請即解行結算，本企業銀行帳號為××××××。逾期按銀行規定，加收 2‰的罰金。

如有特殊情況，請即與本企業財務部×××聯繫。電話：×××××，郵編：×××××××，地址：×××市×××路×××號。

特此函達。

××××××公司

××××年××月××日

二、對行蹤不明的客戶進行調查

對於因住址變更、換工作而行蹤不明的客戶，應設法瞭解其去向。所以，對銷售專員必須進行訓練，提醒銷售專員在簽約之前應調查清楚。

三、偏遠地區客戶賬款的催討

如對方的搬遷處很偏遠，不易收款，應委託當地的行政司法部門協助調查。

第四章　成功收款要訣

一、選擇適當的時間

查出客戶最適當的收款時間，同時需注意以下兩種情況。

1. 凡不忌諱「一天早上尚未開市不願被收款」的客戶，可排在早上第一家收款。

2. 若客戶不睡午覺，可排在中午收款。

二、定期收款習慣

對於每一個客戶，銷售專員都要養成「定期收款」的習慣。(三) 收款要訣

1. 收款時，不要表現出緊張感，不可笑，不可擺出低姿態。例如，不可以說「對不起，我來收款」，否則，有些客戶會認為你好欺負，從而拖延付款。

2. 收款時，不能心軟，要義正詞嚴，要表現出非收不可的態度。

3. 收款時，不可與其他企業相提並論，要有信心照本企業規定執行。

4. 收款時，若客戶說：「今天不方便」，對策如下：問客戶：「何時方便？」客戶若回答：「三天后」，則當著客戶的面說：「今天是某

月某日，三天后是某月某日，我就在那天再來收款。」同時，當著客戶的面前在帳單的空白處寫「某月某日再來」。屆時一定準時來收款。

5. 收款時，要保持「六心」，即習慣心、模仿心、同情心、自負心、良心、恐嚇心。

6. 收款時，要做到「三避免」，即避免在大庭廣眾之下催討、避免票期被拖長、避免被客戶要求「折讓」。

7. 臨走前切勿說出「還要到別家收款」這類的話，要顯示出專程收款的姿態。

三、其他注意事項

1. 銷售專員不可向客戶講出自己的待遇情況。

2. 在銷售洽談過程中或平時，不可欠客戶人情，以免收款時拉不下臉。

3. 做到「先小人後君子」，售前明確告知付款條件。

4. 對付款成績記錄不佳的客戶，要反覆走訪。

心得欄 ----------------------------------

第 10 章

行銷部的客戶關係管理

◎客戶服務管理制度

第 1 章　總則

第 1 條　目的

為提高對客戶的服務品質，加強與客戶的業務聯繫，樹立良好的企業形象，不斷開拓市場，擴大銷售成果，特制定本制度。

第 2 條　範圍

本制度所指服務包括對各地經銷商、零售商、委託加工工廠和客戶的全方位系統服務。

第 2 章　客戶服務的內容

第 3 條　客戶服務的主要內容如下表所示。

客戶服務內容一覽表

服務項目	包含內容
巡迴服務活動	1.對有關客戶經營項目的調查研究 2.對有關客戶產品庫存、進貨、銷售狀況的調查研究 3.客戶對於本企業產品及其他產品的批評、建議、希望和投訴的調查分析 4.收集對客戶經營有參考價值的市場行情、競爭對手動向、行銷政策等資訊
市場開拓活動	1.向客戶介紹本企業產品性能、特點和注意事項，對客戶進行技術指導 2.徵詢新客戶的使用意見，發放徵詢卡
售後服務活動	1.對客戶申述事項的處理與指導 2.對客戶進行技術培訓與技術服務 3.定期或不定期地向客戶提供本企業的新產品資訊 4.幫助客戶解決生產技術、經營管理、使用消費等方面的技術難題 5.舉辦技術講座或培訓學習班 6.向客戶贈送樣品、試用品、宣傳品和禮品等 7.開展旨在加強與客戶聯繫的公關活動

第 3 章　客戶服務原則

第 4 條　客戶服務的總原則是專人負責、定期巡訪。

第 5 條　銷售人員應將各地區客戶依其性質、規模、銷售額和經營發展趨勢等，分為 A、B、C、D 四類，實行分級管理。

第 6 條　客戶服務管理人員應指定專人負責巡訪客戶(原則上不能由本地區的負責銷售的人員擔任）

第 4 章　客戶服務工作的實施

第 7 條　計畫制定與實施

客戶關係主管應根據上級確定的基本方針和實際情況，制定客戶服務計畫，交由專人具體實施。計畫內容應包括重點推銷商品、重點調查項目、特別調查項目和具體巡訪活動安排、具體售後服務內容等。

第 8 條　客戶服務工作的具體實施內容

客戶服務工作的具體實施內容

服務階段	具體內容	實施人員
售前	1. 做好市場調查，收集客戶資料，確實瞭解客戶需要，然後選擇適當的產品介紹給客戶 2. 確認客戶預定的產品是否有合適的環境和使用條件，如有問題要事先做好補救	銷售人員 客戶服務人員
售中	1. 詳細說明產品性能，指導正確的使用方法 2. 讓客戶牢記日常維護要領，叮囑管理方法及保存、保養方法	銷售人員
售後	1. 適時回訪，發現問題及時解決 2. 定期檢修，發生故障及時搶修 3. 舊產品使用一段時間後，要在適當時候提出更換新產品的建議 4. 為客戶進行技術指導與培訓 5. 其他客戶需要解決的問題	銷售人員 客戶服務人員 技術人員
其他	1. 饋贈：對特殊客戶，如認為有必要贈送禮品時，應按規定填寫《贈送禮品預算申請表》，報上級主管審批 2. 為做好客戶服務工作，對每個地區配置 1～2 名技術人員負責解決技術問題。重大技術問題由生產或技術部門予以協助解決	銷售人員 客戶服務人員

第 9 條　客戶服務人員每日應將拜訪客戶的結果以「日報表」的形式向上級主管彙報。並一同呈報客戶卡。日報內容包括：

(1)客戶名稱及巡訪時間；

(2)客戶意見、建議和希望；

(3)市場行情、競爭對手動向及其他企業的銷售政策；

(4)巡訪活動的效果；

(5)主要事項的處理經過及結果；

(6)其他必要的報告事項。

第 10 條　客戶關係主管接到巡訪日報後，應整理匯總，填寫《每月巡訪情況報告書》，提交企業主管領導。

第 11 條　客戶關係主管接到日報後，除能夠自行解決的問題外，應隨時填寫《巡訪緊急報告》，通報上級處理。報告內容主要應包括：

(1)競爭對手的銷售方針政策發生重大變化；

(2)競爭對手有新產品上市；

(3)競爭對手的銷售或服務出現新動向；

(4)發現本企業產品有重大缺陷或問題：

(5)其他需做緊急處理事項。

◎售後服務管理制度

第 1 章　總則

第 1 條　目的

為加強市場行銷部的售後服務工作，提高銷售業績，塑造企業良好的品牌形象，特制定本制度。

第 2 章　管理體制

第 2 條　企業市場行銷部下設專門的客戶服務機構，配置客戶服務人員，負責售後服務工作。

第 3 條　企業客戶服務人員負責企業產品的客戶(用戶)意見收

集、投訴受理、退貨換貨、維修零部件等工作。

第 4 條　企業設立專業售後服務隊伍，或者指定特約服務商、維修商，並與之簽訂委託協議或合約。

第 5 條　與特約服務商之間因銜接不當、糾紛而影響對客戶的服務時，客戶服務人員應及時上報主管人員，及時處理。

第 3 章　售後服務說明

第 6 條　企業根據行業慣例，確定本企業產品的保質期、保修期。在一個產品中，不同部位、不同部件有不同保修期的應特別說明。

第 7 條　企業產品的保質期、保修期，應載於產品說明材料內。企業因促銷等原因導致保修期出現變化的，應及時通知售後服務部門。

第 8 條　售後服務類型

售後服務的類型如下表所示。

售後服務類型表

服務類別	具體內容
有償服務	凡屬於為客戶保養或維護本企業出售產品，向客戶收取服務費用者屬於此類
合約服務	凡屬於為客戶保養或修護本企業出售的產品，依本企業與客戶所訂立產品保養合約書的規定，向客戶收取服務費用者屬於此類
免費服務	凡屬於為客戶保養或維護本企業出售的產品，在免費保證期間內，免收客戶服務費用者屬於此類
一般行政工作	凡與服務有關的內部一般行政工作，如工作檢查、零件管理、設備工具維護、短期在職訓練及其他不屬前三項的工作均屬於此類

第 9 條　售後服務操作程序

(1)企業客戶服務專員在接到維修來電來函時，應詳細記錄客戶名稱、位址、聯繫電話、產品型號，儘量問清產品所存在的問題和故障現象，填寫在《報修登記簿》上，同時在該客戶資料袋內，將該產品型號的《服務憑證》抽出，送維修部門處理。

(2)維修主管接到報修單後，初步評價故障現象，派遣合適的維修人員負責維修。

(3)維修人員持《服務憑證》前往客戶現場服務，凡可當場處理妥當者即請客戶於《服務憑證》上簽字，帶回交與客戶服務人員於《報修登記簿》上注銷，並將服務憑證歸檔。

(4)凡在客戶場所不能修復帶回修理的，應開立收據交予客戶，並在企業進出商品簿上登記。修復後應向客戶索回收據，並請其在維修派工單上簽字。

(5)帶回修護的產品，如是有償修護，維修人員應在歸還產品當天憑《服務憑證》，到財務部開具發票，以便收費。

(6)凡屬有償服務，其費用較低者，應由維修人員當場向客戶收費，將款交予財務，憑此補寄發票。否則應於當天憑《服務憑證》到財務部開具發票，以便另行前往收費。

(7)每次維修之後，維修人員上交派工單，主管考核其維修時間和品質。各種維修應在企業承諾的時限內完成。

(8)維修主管應逐日依據維修人員的日報表，將當天所屬人員服務的類別及所耗時間填寫《服務日報表》後送請總經理審核後，轉送市場行銷部。

(9)凡待修產品，不能按原定時間修好的，維修人員應立即報請主管予以協助。

(10)市場行銷部客戶服務人員應根據《報修登記簿》核對《服務憑證》後，將當天未派修工作，於次日送請維修主管優先派工。

第 10 條　對於維修人員的規定

(1)企業維修人員培訓合格或取得崗位資格證書後才可上崗，企業鼓勵維修人員通過多種形式提高其維修技能。

(2)如上門維修，維修人員應佩戴企業工號卡或出示有關證件才能進入客戶場所，並儘量攜帶有關檢修工具和備品備件。

(3)如上門維修，企業應協助維修人員運輸商品，運輸費用按有關規定支付。

(4)維修人員的工作作應認真負責，不得對客戶卡、拿、吃、要，要愛護客戶設備或辦公環境，不損壞其他物品。

(5)所有的服務作業，市區採用六小時派工制，郊區採用七小時派工制，即報修時間至抵達服務時間不得超過六小時或七小時。

(6)保修合約期滿前一個月，客戶服務人員應填寫《保修到期通知書》寄給客戶。

第 4 章　退、換貨規定

第 11 條　企業根據保護消費者權益、商品交易的相關法規，制定企業產品退換貨的具體規定。

第 12 條　企業產品退換貨的具體規定，要明示於銷售場所，載於產品說明材料內。

第 13 條　企業制定具體退換貨工作流程，並培訓有關人員熟悉該規程。

第 14 條　企業的倉庫、運輸、財務、生產製造部門為退換貨給予支持和配合，並進行工作流程上的無縫銜接。

第 15 條　查清退換貨的原因，追究造成該原因的部門和個人的責任，並作為業績考核的依據之一。

第 5 章　客戶意見調查

第 16 條　為加強客戶服務工作，並培養客戶服務人員「客戶第一」的觀念，特舉辦客戶意見調查活動，所得結果作為改進服務措施的依據之一。

第 17 條　客戶意見分為客戶的建議或抱怨及對銷售人員的評價。除將評價資料作為銷售人員每月績效考核的一部分外，對客戶的建議或抱怨，市場行銷部應特別加以重視，認真處理，建立本企業售後服務的良好信譽。

第 18 條　客戶服務人員應將當天客戶《報修登記簿》於次日寄送銷售部，以憑此填寫客戶意見調查卡。

第 19 條　對銷售人員的評價，分為態度、技術、到達時間及答應事情的辦理四項，每項均按客戶的滿意狀況分為四個程度，以便客戶勾填。

第 20 條　對客戶的建議或抱怨，情節重大者，市場行銷部應立即提呈銷售部經理核閱或核轉，提前加以處理，並將處理情況函告該客戶；一般性質者，市場行銷部自行酌情處理，但應將處理結果以書面或電話形式通知該客戶。

第 21 條　凡屬加強服務及處理客戶的建議或抱怨的有關事項，市場行銷部應經常與客戶服務人員保持密切的聯繫，隨時給予催辦，並協助其解決所有困難問題。

第 22 條　市場行銷部對抱怨的客戶，無論其情節大小，均應由銷售主管親自或專門派人員前往處理。

◎ 客戶管理流程

1. 客戶關係管理流程圖

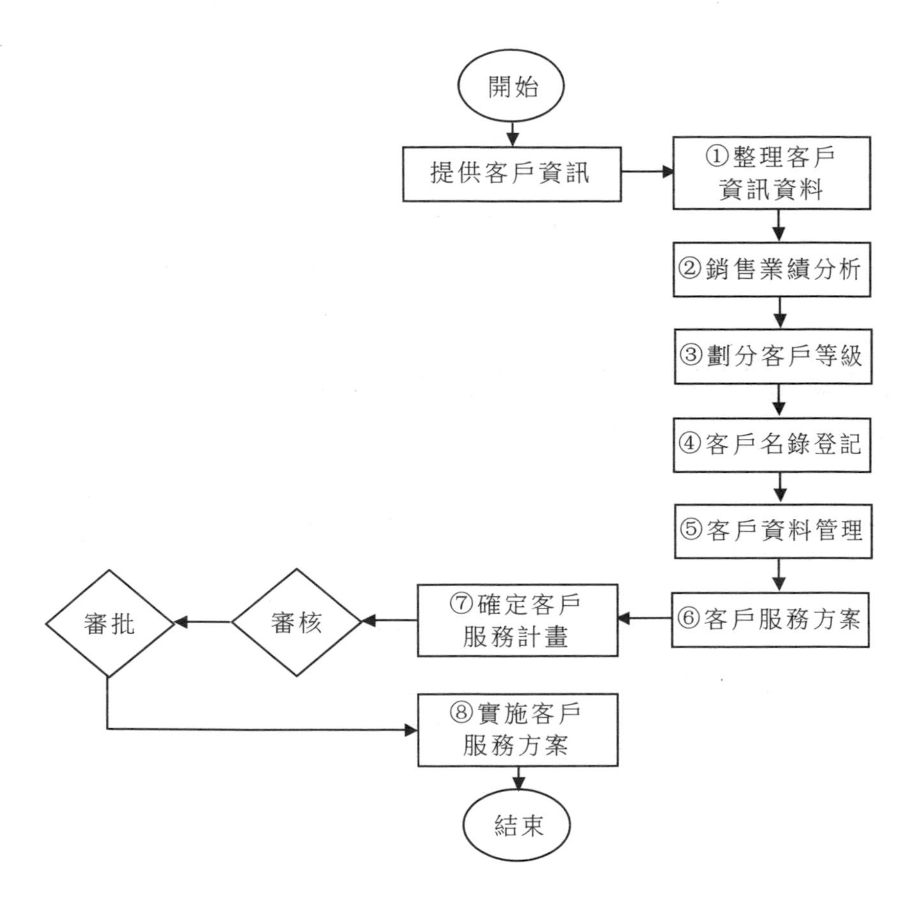

2.客戶投訴接待流程圖

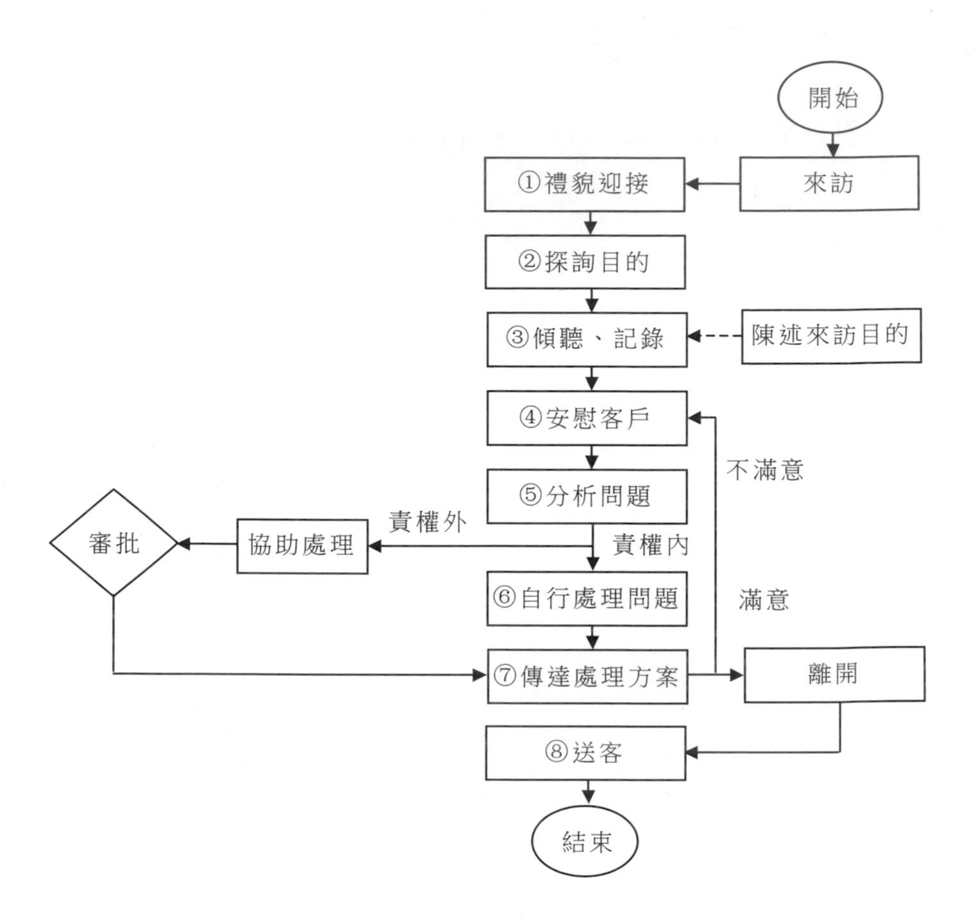
開始
來訪
①禮貌迎接
②探詢目的
③傾聽、記錄
陳述來訪目的
④安慰客戶
不滿意
⑤分析問題
責權外
責權內
審批
協助處理
⑥自行處理問題
滿意
⑦傳達處理方案
離開
⑧送客
結束

3.客戶投訴處理流程圖

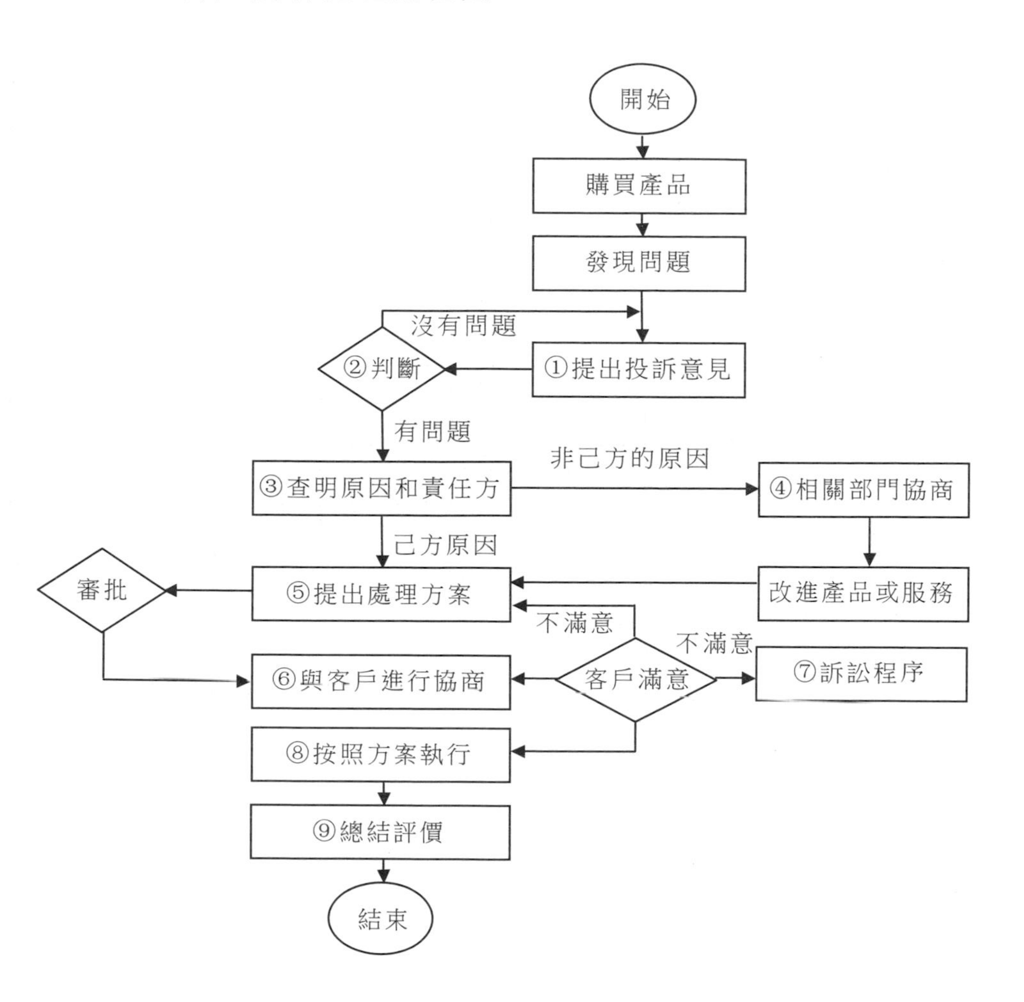
開始
購買產品
發現問題
沒有問題
②判斷
①提出投訴意見
有問題
非己方的原因
③查明原因和責任方
④相關部門協商
己方原因
審批
⑤提出處理方案
改進產品或服務
不滿意
不滿意
⑥與客戶進行協商
客戶滿意
⑦訴訟程序
⑧按照方案執行
⑨總結評價
結束

4.客戶資料管理流程圖

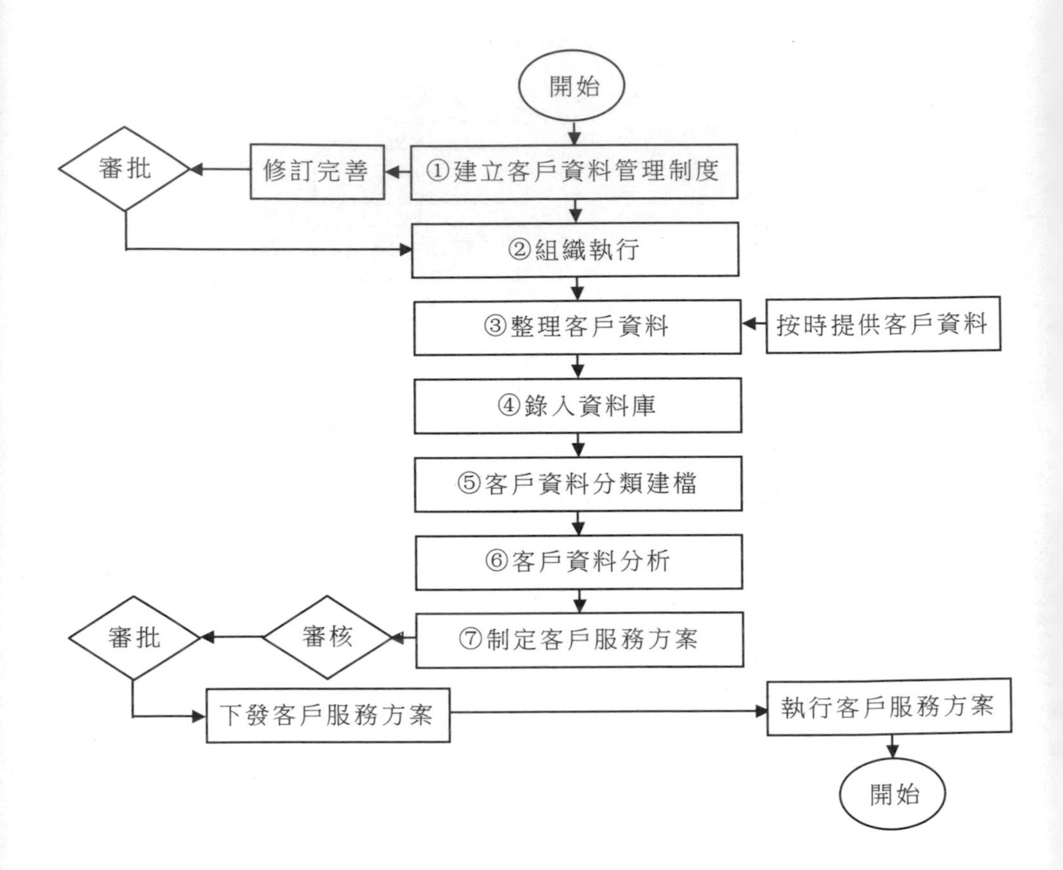
開始
審批
修訂完善
①建立客戶資料管理制度
②組織執行
③整理客戶資料
按時提供客戶資料
④錄入資料庫
⑤客戶資料分類建檔
⑥客戶資料分析
審批
審核
⑦制定客戶服務方案
下發客戶服務方案
執行客戶服務方案
開始

5. 售後服務管理流程圖

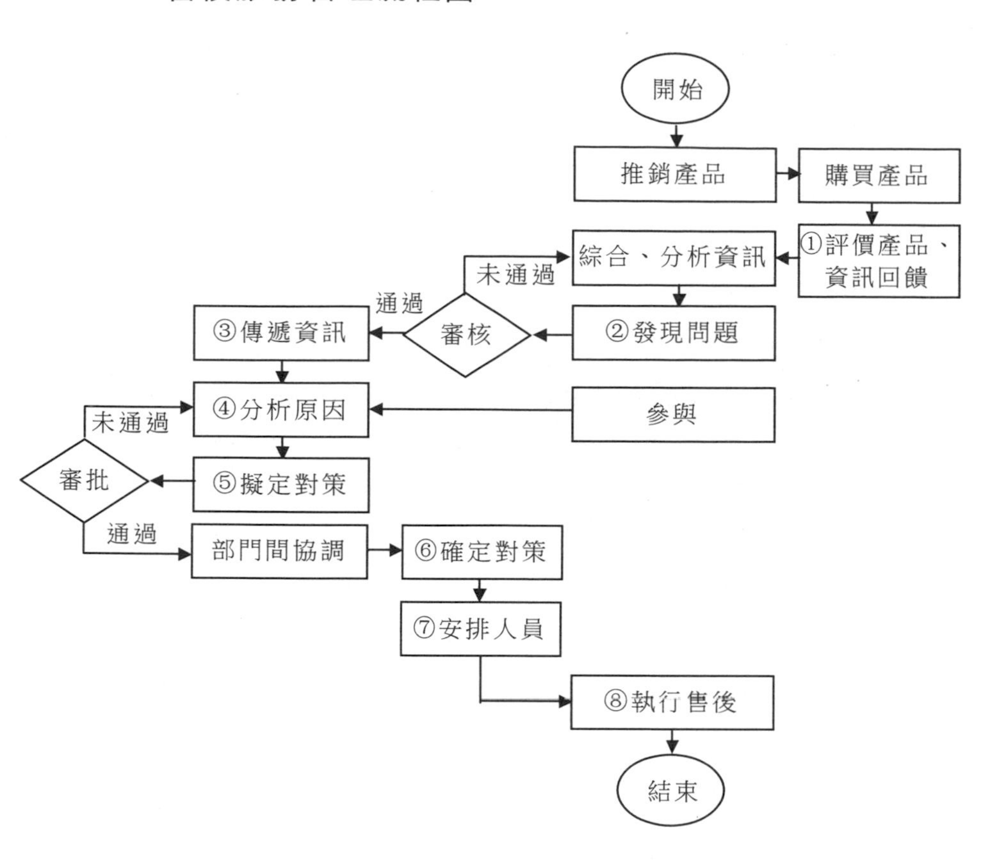
開始
推銷產品
購買產品
①評價產品、資訊回饋
綜合、分析資訊
未通過
通過
②發現問題
審核
③傳遞資訊
④分析原因
參與
未通過
審批
⑤擬定對策
通過
部門間協調
⑥確定對策
⑦安排人員
⑧執行售後
結束

◎客戶投訴處理方案

一、總體規劃

(一)目的

為了能夠迅速處理客戶投訴事件，維護企業信譽，改善產品品質與售後服務，特制定本方案。

(二)內容

本方案對客戶投訴表單編號、客戶投訴的調查處理、追蹤改善、成品退貨、處理期限、核決權限及處理逾期反應等內容進行了操作說明。

(三)適用範圍

凡本企業產品遇到客戶反應品質異常的申訴時，依本方案的規定及操作流程辦理。若未造成損失，銷售部或有關部門前往處理時，應填報《異常處理單》回饋給相關部門進行改善。

心得欄

二、投訴處理程序

投訴處理程序如下圖所示。

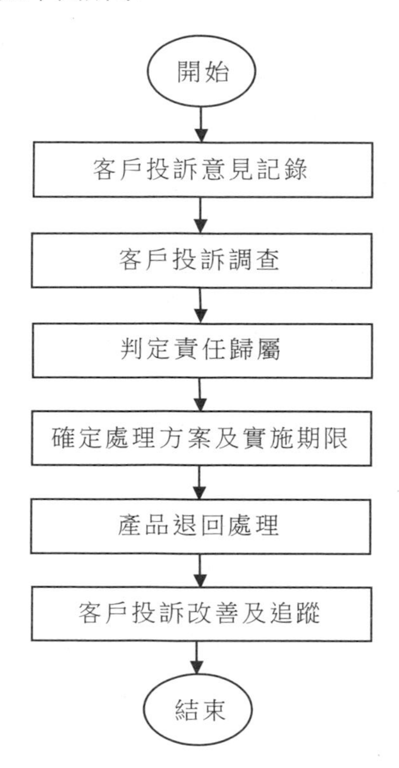

三、客戶投訴分類

客戶投訴處理工作依客戶投訴異常原因的不同分為以下兩類。

(一)品質異常客戶投訴發生原因。

(二)非品質異常客戶投訴發生原因(指人為因素造成)。

四、投訴處理各部門職責

處理客戶投訴案件過程中各部門的職責如下表所示。

處理客戶投訴的各部門職責分配表

部門名稱	主要職責
銷售部	1.詳查客戶投訴產品的訂單編號、料號、數量、交貨日期 2.瞭解客戶投訴要求及確認客戶投訴理由 3.協助客戶解決疑難問題或提供必要的參考資料 4.迅速傳達處理結果
品質管制部	1.客戶投訴案件的調查、申報與責任人員的擬定 2.發生原因及處理、改善對策的檢查、執行、督促 3.客戶投訴品質的檢驗確認
客戶服務組	1.客戶投訴案件的登記，處理時效管理及逾期反應 2.客戶投訴內容的審核、調查、申報 3.客戶投訴者的聯繫方式 4.處理方式的擬定及責任歸屬的判定 5.客戶投訴改善方案的提出、洽談、執行成果的督促及效果確認 6.協助有關部門接洽客戶投訴的調查及妥善處理 7.客戶投訴處理中客戶投訴反應的意見申報，有關部門追蹤改進
製造部門	1.針對客戶投訴內容詳細調查，並擬定處理對策及執行檢查 2.申報生產單位、班號、生產人員及生產日期

五、客戶投訴處理表編號原則

客戶投訴處理的編號週期以年度月份為原則，如年度(××)月份(××)流水編號(××)。

六、客戶反映調查及處理

(一)銷售人員在接到客戶反映產品異常時，應立即查明該異常(編號、料號、交貨日期、數量、不良數量)、客戶要求，並立即填寫《客戶抱怨處理表》連同異常樣品簽註意見後送客戶服務組備案辦理。

（二）客戶投訴案件若需會勘者，銷售部門在未填寫《客戶抱怨處理單》前應確保處理時效：銷售人員應立即反映給品質管制部人員（或製造部品保組）會同製造部門人員共同前往處理；若品質管制部人員無法及時前往時由總經理指派有關人員前往處理，並於處理後向總經理報告。

（三）為及時瞭解客戶反映異常內容及處理情況，由市場行銷部或相關部門有關人員於調查處理後三天內提出報告呈總經理批示。

（四）客戶服務組接到《客戶抱怨處理表》後立即編列客戶投訴編號，並登記於《客戶抱怨案件登記追蹤表》後送品質管制部追查原因及判定責任歸屬部門後，送生產部門分析異常原因並擬定處理對策，並報送總經理批示意見，另依異常狀況送研發部提出意見，再送回總經理查核後送回銷售部門擬定處理意見，再經總經理綜合意見後，依核決權限呈核再送回銷售部依批示處理。

（五）銷售人員收到總經理送回的《客戶抱怨處理表》時，應立即向客戶說明、交涉，並將處理結果填入表中，呈銷售經理審閱後送回給總經理。

（六）客戶服務組接到銷售部填寫交涉結果的《客戶抱怨處理表》後，於一日內就業務與工廠的意見加以分析形成綜合意見，依據核決權限分送銷售部經理、副總經理、總經理核決。

（七）判定發生原因，若屬本企業產品品質問題應另擬定處理方式。

（八）經核簽的《客戶抱怨處理表》第一聯由品質管制部門保存，第二聯由製造部門保存，第三聯送銷售部門依批示辦理，第四聯送財務部保存，第五聯由總經理室保存。

（九）《客戶抱怨處理表》會決後的結論，若客戶能接受此投訴處理方案，銷售部應再填一份新的《客戶抱怨處理表》附原表一併呈報處理。

（十）客戶服務組每月十日前匯總上月份結案的案件於《客戶投訴案件統計表》會同製造部、品質管制部、研發部及有關部門主管判定責任歸屬，並檢查各客戶投訴項目進行檢查改善對策及處理結果。

（十一）銷售部門不得超越核決權限與客戶做任何處理的答覆協議或承認。對《客戶抱怨處理表》的批示事項據以書信或電話轉答客戶（不得將《客戶抱怨處理表》影印送客戶）。

（十二）各部門對客戶投訴處理決議有異議時，需以「簽呈」專案呈報處理。

（十三）客戶投訴內容若涉及其他企業、原物料供應商等的責任時由總經理室會同有關部門共同處理。

（十四）客戶投訴不成立時，銷售人員於接到《客戶抱怨處理表》時，以規定收款期收回應收賬款，如客戶有異議時，再以「簽呈」呈報上級處理。

七、客戶投訴案件處理期限

（一）《客戶抱怨處理表》處理期限自總經理室受理起國內 13 天、國外 17 天內結案。

（二）各部門客戶投訴處理工作流程處理期限要求：及時處理。

八、客戶投訴金額核決權限

客戶投訴金額核決權限如下表所示。

客戶投訴金額核決權限劃分

客戶投訴金額	100000 元以下	100001～150000 元	150000 元以上
核決權限	行銷總監	副總經理	總經理

九、客戶投訴責任人員處分及獎金扣罰

(一)客戶投訴責任人員處分。客戶服務組每月十日前應審視上月份結案的客戶投訴案件，凡經批示為行政處分者，經整理後送人力資源部提報《人事公佈單》並公佈。

(二)客戶投訴績效獎金扣罰。製造部門、銷售部門及服務部門的責任歸屬單位或個人由客戶服務組依客戶投訴案件發生的項目原因決定責任歸屬，並開立《獎罰通知單》呈總經理核准後複印三份，一份自存，一份送財務部查核，一份送扣罰部門扣罰獎金。

十、成品退貨賬務處理

(一)銷售部在接到已結案的《客戶抱怨處理表》第三聯後，依核決的處理方式處理。投訴處理方式辦理如下表所示。

投訴處理方式辦理

處理方式	辦理程序
折讓、賠款	銷售人員應依《客戶抱怨處理表》填寫《銷貨折讓證明單》一式兩聯，呈銷售經理、總經理核簽及送客戶簽字後一份存業務部，一份送財務部
退貨、重處理	開立《成品退貨單》註明退貨原因、處理方式及退回依據後呈經理核批，除第一聯自存督促外，其餘三聯送成品倉儲據以辦理收料

(二)財務部依據《客戶抱怨處理表》第四聯中經批示核定的退貨量與《成品退貨單》的實退量核對無誤後，開立傳票辦理轉賬，但若數量、金額不符時依下列方式辦理。

1. 實退量小於核定量或實退量大於核定量於一定比率(與該客戶定制時註明的超量允收比率，若客戶未註明時依本企業規定)以內時，應依《成品退貨單》的實退數量開立傳票辦理轉賬。

2. 成品倉儲收到退貨，應依銷售部送來的《成品退貨單》核對無誤後，予以簽收(如實際與成品退貨單所載不符時，應請示後依實際情況簽收)。《成品退貨單》第二聯由成品倉儲部保存，第三聯由財務部保存，第四聯由銷售部保存。

3. 因客戶投訴之故，影響應收款項回收時，財務部在計算銷售人員應收賬款回收率的績效獎金時，應依據《客戶抱怨處理表》將應收金額予以扣除。

4. 銷售人員收到成品倉儲部填回的《成品退貨單》應負責收回原始客戶開立的統一發票。

5. 客戶投訴處理結果為銷貨折讓時，銷售人員依核決結果填寫《銷貨折讓證明單》交給財務部。

十一、處理時效逾期的反應

銷售部客戶服務組在處理客戶投訴案件的過程中，對於逾期案件應開立《催辦單》催促有關部門處理，對於已結案的案件，應督促各部門處理；對於逾期案件，需要開立《洽辦單》送有關部門追查逾期案件。

◎客戶投訴案件具體處理辦法

第一條　為保證客戶對本公司商品銷售所發生的客戶投訴案件有統一規範的處理手續和方法，防範類似情況再次發生，特制定本辦法。

第二條　本辦法所指客戶投訴案件系指出現所列事項，客戶提出減價、退貨、換貨、無償修理加工、損害賠償、批評建議等。

第三條　客戶的正當投訴範圍包括：

1. 產品在質量上有缺陷。
2. 產品規格、等級、數量等與合約規定或與貨物清單不符。
3. 產品技術規格超過允許誤差範圍。
4. 產品在運輸途中受到損害。
5. 因包裝不良造成損壞。
6. 存在其他質量問題或違反合約問題。

第四條　本公司各類人員對投訴案件的處理，應以謙恭禮貌、迅速週到為原則。各被投訴部門應盡力防範類似情況的再度發生。

第五條　業務部所屬機構職責：

1. 確定投訴案件是否受理。
2. 迅速發出處理通知，督促儘快解決。
3. 根據有關資料，裁決有關爭議事項。
4. 儘快答復客戶。
5. 決定投訴處理之外的有關事項。

第六條　品質管制部職責：

1. 檢查審核投訴處理通知，確定具體的處理部門。

2. 組織投訴的調查分析。

3. 提交調查報告，分發有關部門。

4. 填制投訴統計報表。

第七條　各營業部門接到投訴後，應確認其投訴理由是否成立，呈報上級主管裁定是否受理。如屬客戶原因，應迅速答復客戶，婉轉講明理由，請客戶諒解。

第八條　各營業部門對受理的投訴，應進行詳細記錄，並按下列原則作出妥善處理：

1. 凡屬質量缺陷，規格、數量與合約不符，現品與樣品不符，超過技術誤差時，填制投訴記錄卡，送品質管制部。

2. 如純屬合約糾紛，應填制投訴記錄卡，並附處理意見，送公司有關領導裁定處理。

3. 如屬發貨手續問題，依照內銷業務處理辦法規定處理。

第九條　品質管制部在接到上述第一種情況的投訴記錄卡時，要確定具體受理部門，指示受理部門調查，記錄卡一份留存備查。

第十條　受理部門接到記錄卡後，應迅速查明原因。以現品調查為原則，必要時要進行記錄資料調查或實地調查。調查內容包括：

1. 投訴範圍（數量、金額等）是否屬實。

2. 投訴理由是否合理。

3. 投訴目的調查。

4. 投訴調查分析。

5. 客戶要求是否正當。

6. 其他必要事項。

第十一條　受理部門將調查情況匯總，填制「投訴調查報告」，隨同原投訴書一同交主管審核後，交品質管制部。

第十二條　品質管制部收到調查報告後，經整理審核，呈報營業部主管，回覆受理部門。

第十三條　受理部門根據品質管制部意見，形成具體處理意見，報請上級主管審核。

第十四條　受理部門根據上級意見，以書面形式答復客戶。

第十五條　客戶投訴記錄卡中應寫明投訴客戶名稱、客戶要求、受理時間和編號、受理部門處理意見。

第十六條　客戶投訴記錄卡的投訴流程為：

第一聯，存根，由營業部留存備查。

第二聯，通知，由營業部交送品質管制部。

第三聯，通知副本，由營業部報上級主管。

第四聯，調查報告，由受理部門調查後交品質管制部。

第五聯，答復，由品質管制部接到調查報告，經審核整理後，連同調查報告回覆受理部門。

第六聯，審核，由品質管制部上報審核。

第十七條　調查報告內容包括發生原因、具體經過、具體責任者、結論、對策和防範措施。

第十八條　投訴處理中的折價、賠償處理依照有關銷售業務處理規定處理。

第十九條　品質管制部應於每月初五日內填報投訴統計表，呈報上級審核。

141	責任	360 元
142	企業接棒人	360 元
144	企業的外包操作管理	360 元
146	主管階層績效考核手冊	360 元
147	六步打造績效考核體系	360 元
148	六步打造培訓體系	360 元
149	展覽會行銷技巧	360 元
150	企業流程管理技巧	360 元
152	向西點軍校學管理	360 元
154	領導你的成功團隊	360 元
155	頂尖傳銷術	360 元
156	傳銷話術的奧妙	360 元
160	各部門編制預算工作	360 元
163	只為成功找方法，不為失敗找藉口	360 元
167	網路商店管理手冊	360 元
168	生氣不如爭氣	360 元
170	模仿就能成功	350 元
172	生產部流程規範化管理	360 元
176	每天進步一點點	350 元
181	速度是贏利關鍵	360 元
183	如何識別人才	360 元
184	找方法解決問題	360 元
185	不景氣時期，如何降低成本	360 元
186	營業管理疑難雜症與對策	360 元
187	廠商掌握零售賣場的竅門	360 元
188	推銷之神傳世技巧	360 元
189	企業經營案例解析	360 元
191	豐田汽車管理模式	360 元
192	企業執行力（技巧篇）	360 元
193	領導魅力	360 元
198	銷售說服技巧	360 元
199	促銷工具疑難雜症與對策	360 元
200	如何推動目標管理（第三版）	390 元
201	網路行銷技巧	360 元
202	企業併購案例精華	360 元
204	客戶服務部工作流程	360 元
206	如何鞏固客戶（增訂二版）	360 元
208	經濟大崩潰	360 元
209	鋪貨管理技巧	360 元

212	客戶抱怨處理手冊（增訂二版）	360 元
215	行銷計劃書的撰寫與執行	360 元
216	內部控制實務與案例	360 元
217	透視財務分析內幕	360 元
219	總經理如何管理公司	360 元
222	確保新產品銷售成功	360 元
223	品牌成功關鍵步驟	360 元
224	客戶服務部門績效量化指標	360 元
226	商業網站成功密碼	360 元
228	經營分析	360 元
229	產品經理手冊	360 元
230	診斷改善你的企業	360 元
231	經銷商管理手冊（增訂三版）	360 元
232	電子郵件成功技巧	360 元
233	喬•吉拉德銷售成功術	360 元
234	銷售通路管理實務〈增訂二版〉	360 元
235	求職面試一定成功	360 元
236	客戶管理操作實務〈增訂二版〉	360 元
237	總經理如何領導成功團隊	360 元
238	總經理如何熟悉財務控制	360 元
239	總經理如何靈活調動資金	360 元
240	有趣的生活經濟學	360 元
241	業務員經營轄區市場（增訂二版）	360 元
242	搜索引擎行銷	360 元
243	如何推動利潤中心制度（增訂二版）	360 元
244	經營智慧	360 元
245	企業危機應對實戰技巧	360 元
246	行銷總監工作指引	360 元
247	行銷總監實戰案例	360 元
248	企業戰略執行手冊	360 元
249	大客戶搖錢樹	360 元
250	企業經營計劃〈增訂二版〉	360 元
251	績效考核手冊	360 元
252	營業管理實務（增訂二版）	360 元
253	銷售部門績效考核量化指標	360 元
254	員工招聘操作手冊	360 元

255	總務部門重點工作（增訂二版）	360 元
256	有效溝通技巧	360 元
257	會議手冊	360 元
258	如何處理員工離職問題	360 元
259	提高工作效率	360 元
261	員工招聘性向測試方法	360 元
262	解決問題	360 元
263	微利時代制勝法寶	360 元
264	如何拿到 VC（風險投資）的錢	360 元
265	如何撰寫職位說明書	360 元
267	促銷管理實務〈增訂五版〉	360 元
268	顧客情報管理技巧	360 元
269	如何改善企業組織績效〈增訂二版〉	360 元
270	低調才是大智慧	360 元
272	主管必備的授權技巧	360 元
274	人力資源部流程規範化管理（增訂三版）	360 元
275	主管如何激勵部屬	360 元
276	輕鬆擁有幽默口才	360 元
277	各部門年度計劃工作（增訂二版）	360 元
278	面試主考官工作實務	360 元
279	總經理重點工作（增訂二版）	360 元
282	如何提高市場佔有率（增訂二版）	360 元
283	財務部流程規範化管理（增訂二版）	360 元
284	時間管理手冊	360 元
285	人事經理操作手冊（增訂二版）	360 元
286	贏得競爭優勢的模仿戰略	360 元
287	電話推銷培訓教材（增訂三版）	360 元
288	贏在細節管理（增訂二版）	360 元
289	企業識別系統 CIS（增訂二版）	360 元
290	部門主管手冊（增訂五版）	360 元
291	財務查帳技巧（增訂二版）	360 元
292	商業簡報技巧	360 元
293	業務員疑難雜症與對策（增訂二版）	360 元
294	內部控制規範手冊	360 元
295	哈佛領導力課程	360 元
296	如何診斷企業財務狀況	360 元
297	營業部轄區管理規範工具書	360 元
298	售後服務手冊	360 元
299	業績倍增的銷售技巧	400 元
300	行政部流程規範化管理（增訂二版）	400 元
301	如何撰寫商業計畫書	400 元
302	行銷部流程規範化管理（增訂二版）	400 元

《商店叢書》

10	賣場管理	360 元
18	店員推銷技巧	360 元
30	特許連鎖業經營技巧	360 元
35	商店標準操作流程	360 元
36	商店導購口才專業培訓	360 元
37	速食店操作手冊〈增訂二版〉	360 元
38	網路商店創業手冊〈增訂二版〉	360 元
40	商店診斷實務	360 元
41	店鋪商品管理手冊	360 元
42	店員操作手冊（增訂三版）	360 元
43	如何撰寫連鎖業營運手冊〈增訂二版〉	360 元
44	店長如何提升業績〈增訂二版〉	360 元
45	向肯德基學習連鎖經營〈增訂二版〉	360 元
46	連鎖店督導師手冊	360 元
47	賣場如何經營會員制俱樂部	360 元
48	賣場銷量神奇交叉分析	360 元
49	商場促銷法寶	360 元
50	連鎖店操作手冊（增訂四版）	360 元
51	開店創業手冊〈增訂三版〉	360 元
52	店長操作手冊（增訂五版）	360 元
53	餐飲業工作規範	360 元
54	有效的店員銷售技巧	360 元

55	如何開創連鎖體系〈增訂三版〉	360 元
56	開一家穩賺不賠的網路商店	360 元
57	連鎖業開店複製流程	360 元
58	商鋪業績提升技巧	360 元
59	店員工作規範（增訂二版）	400 元

《工廠叢書》

5	品質管理標準流程	380 元
9	ISO 9000 管理實戰案例	380 元
10	生產管理制度化	360 元
11	ISO 認證必備手冊	380 元
12	生產設備管理	380 元
13	品管員操作手冊	380 元
15	工廠設備維護手冊	380 元
16	品管圈活動指南	380 元
17	品管圈推動實務	380 元
20	如何推動提案制度	380 元
24	六西格瑪管理手冊	380 元
30	生產績效診斷與評估	380 元
32	如何藉助 IE 提升業績	380 元
35	目視管理案例大全	380 元
38	目視管理操作技巧(增訂二版)	380 元
46	降低生產成本	380 元
47	物流配送績效管理	380 元
49	6S 管理必備手冊	380 元
51	透視流程改善技巧	380 元
55	企業標準化的創建與推動	380 元
56	精細化生產管理	380 元
57	品質管制手法〈增訂二版〉	380 元
58	如何改善生產績效〈增訂二版〉	380 元
63	生產主管操作手冊(增訂四版)	380 元
67	生產訂單管理步驟〈增訂二版〉	380 元
68	打造一流的生產作業廠區	380 元
70	如何控制不良品〈增訂二版〉	380 元
71	全面消除生產浪費	380 元
72	現場工程改善應用手冊	380 元
75	生產計劃的規劃與執行	380 元
77	確保新產品開發成功（增訂四版）	380 元
78	商品管理流程控制(增訂三版)	380 元
79	6S 管理運作技巧	380 元
80	工廠管理標準作業流程〈增訂二版〉	380 元
81	部門績效考核的量化管理（增訂五版）	380 元
82	採購管理實務〈增訂五版〉	380 元
83	品管部經理操作規範〈增訂二版〉	380 元
84	供應商管理手冊	380 元
85	採購管理工作細則〈增訂二版〉	380 元
86	如何管理倉庫（增訂七版）	380 元
87	物料管理控制實務〈增訂二版〉	380 元
88	豐田現場管理技巧	380 元
89	生產現場管理實戰案例〈增訂三版〉	380 元
90	如何推動 5S 管理（增訂五版）	420 元
91	採購談判與議價技巧	420 元

《醫學保健叢書》

1	9 週加強免疫能力	320 元
3	如何克服失眠	320 元
4	美麗肌膚有妙方	320 元
5	減肥瘦身一定成功	360 元
6	輕鬆懷孕手冊	360 元
7	育兒保健手冊	360 元
8	輕鬆坐月子	360 元
11	排毒養生方法	360 元
12	淨化血液　強化血管	360 元
13	排除體內毒素	360 元
14	排除便秘困擾	360 元
15	維生素保健全書	360 元
16	腎臟病患者的治療與保健	360 元
17	肝病患者的治療與保健	360 元
18	糖尿病患者的治療與保健	360 元
19	高血壓患者的治療與保健	360 元
22	給老爸老媽的保健全書	360 元
23	如何降低高血壓	360 元
24	如何治療糖尿病	360 元
25	如何降低膽固醇	360 元

26	人體器官使用說明書	360 元
27	這樣喝水最健康	360 元
28	輕鬆排毒方法	360 元
29	中醫養生手冊	360 元
30	孕婦手冊	360 元
31	育兒手冊	360 元
32	幾千年的中醫養生方法	360 元
34	糖尿病治療全書	360 元
35	活到 120 歲的飲食方法	360 元
36	7 天克服便秘	360 元
37	為長壽做準備	360 元
39	拒絕三高有方法	360 元
40	一定要懷孕	360 元
41	提高免疫力可抵抗癌症	360 元
42	生男生女有技巧〈增訂三版〉	360 元

《培訓叢書》

11	培訓師的現場培訓技巧	360 元
12	培訓師的演講技巧	360 元
14	解決問題能力的培訓技巧	360 元
15	戶外培訓活動實施技巧	360 元
16	提升團隊精神的培訓遊戲	360 元
17	針對部門主管的培訓遊戲	360 元
20	銷售部門培訓遊戲	360 元
21	培訓部門經理操作手冊（增訂三版）	360 元
22	企業培訓活動的破冰遊戲	360 元
23	培訓部門流程規範化管理	360 元
24	領導技巧培訓遊戲	360 元
25	企業培訓遊戲大全(增訂三版)	360 元
26	提升服務品質培訓遊戲	360 元
27	執行能力培訓遊戲	360 元
28	企業如何培訓內部講師	360 元
29	培訓師手冊（增訂五版）	420 元

《傳銷叢書》

4	傳銷致富	360 元
5	傳銷培訓課程	360 元
7	快速建立傳銷團隊	360 元
10	頂尖傳銷術	360 元
11	傳銷話術的奧妙	360 元
12	現在輪到你成功	350 元
13	鑽石傳銷商培訓手冊	350 元
14	傳銷皇帝的激勵技巧	360 元
15	傳銷皇帝的溝通技巧	360 元
17	傳銷領袖	360 元
18	傳銷成功技巧（增訂四版）	360 元
19	傳銷分享會運作範例	360 元

《幼兒培育叢書》

1	如何培育傑出子女	360 元
2	培育財富子女	360 元
3	如何激發孩子的學習潛能	360 元
4	鼓勵孩子	360 元
5	別溺愛孩子	360 元
6	孩子考第一名	360 元
7	父母要如何與孩子溝通	360 元
8	父母要如何培養孩子的好習慣	360 元
9	父母要如何激發孩子學習潛能	360 元
10	如何讓孩子變得堅強自信	360 元

《成功叢書》

1	猶太富翁經商智慧	360 元
2	致富鑽石法則	360 元
3	發現財富密碼	360 元

《企業傳記叢書》

1	零售巨人沃爾瑪	360 元
2	大型企業失敗啟示錄	360 元
3	企業併購始祖洛克菲勒	360 元
4	透視戴爾經營技巧	360 元
5	亞馬遜網路書店傳奇	360 元
6	動物智慧的企業競爭啟示	320 元
7	CEO 拯救企業	360 元
8	世界首富　宜家王國	360 元
9	航空巨人波音傳奇	360 元
10	傳媒併購大亨	360 元

《智慧叢書》

1	禪的智慧	360 元
2	生活禪	360 元
3	易經的智慧	360 元
4	禪的管理大智慧	360 元
5	改變命運的人生智慧	360 元
6	如何吸取中庸智慧	360 元
7	如何吸取老子智慧	360 元

8	如何吸取易經智慧	360 元
9	經濟大崩潰	360 元
10	有趣的生活經濟學	360 元
11	低調才是大智慧	360 元

《DIY 叢書》

1	居家節約竅門 DIY	360 元
2	愛護汽車 DIY	360 元
3	現代居家風水 DIY	360 元
4	居家收納整理 DIY	360 元
5	廚房竅門 DIY	360 元
6	家庭裝修 DIY	360 元
7	省油大作戰	360 元

《財務管理叢書》

1	如何編制部門年度預算	360 元
2	財務查帳技巧	360 元
3	財務經理手冊	360 元
4	財務診斷技巧	360 元
5	內部控制實務	360 元
6	財務管理制度化	360 元
8	財務部流程規範化管理	360 元
9	如何推動利潤中心制度	360 元

分類

為方便讀者選購，本公司將一部分上述圖書又加以專門分類如下：

《企業制度叢書》

1	行銷管理制度化	360 元
2	財務管理制度化	360 元
3	人事管理制度化	360 元
4	總務管理制度化	360 元
5	生產管理制度化	360 元
6	企劃管理制度化	360 元

《主管叢書》

1	部門主管手冊（增訂五版）	360 元
2	總經理行動手冊	360 元
4	生產主管操作手冊	380 元
5	店長操作手冊（增訂五版）	360 元
6	財務經理手冊	360 元
7	人事經理操作手冊	360 元
8	行銷總監工作指引	360 元
9	行銷總監實戰案例	360 元

《總經理叢書》

1	總經理如何經營公司(增訂二版)	360 元
2	總經理如何管理公司	360 元
3	總經理如何領導成功團隊	360 元
4	總經理如何熟悉財務控制	360 元
5	總經理如何靈活調動資金	360 元

《人事管理叢書》

1	人事經理操作手冊	360 元
2	員工招聘操作手冊	360 元
3	員工招聘性向測試方法	360 元
4	職位分析與工作設計	360 元
5	總務部門重點工作	360 元
6	如何識別人才	360 元
7	如何處理員工離職問題	360 元
8	人力資源部流程規範化管理（增訂三版）	360 元
9	面試主考官工作實務	360 元
10	主管如何激勵部屬	360 元
11	主管必備的授權技巧	360 元
12	部門主管手冊（增訂五版）	360 元

《理財叢書》

1	巴菲特股票投資忠告	360 元
2	受益一生的投資理財	360 元
3	終身理財計劃	360 元
4	如何投資黃金	360 元
5	巴菲特投資必贏技巧	360 元
6	投資基金賺錢方法	360 元
7	索羅斯的基金投資必贏忠告	360 元
8	巴菲特為何投資比亞迪	360 元

《網路行銷叢書》

1	網路商店創業手冊〈增訂二版〉	360 元
2	網路商店管理手冊	360 元
3	網路行銷技巧	360 元
4	商業網站成功密碼	360 元
5	電子郵件成功技巧	360 元
6	搜索引擎行銷	360 元

《企業計劃叢書》

1	企業經營計劃〈增訂二版〉	360 元
2	各部門年度計劃工作	360 元

3	各部門編制預算工作	360 元
4	經營分析	360 元
5	企業戰略執行手冊	360 元

《經濟叢書》

1	經濟大崩潰	360 元
2	石油戰爭揭秘(即將出版)	

當市場競爭激烈時：

培訓員工，強化員工競爭力
是企業最佳對策

「人才」是企業最大的財富。如何提升人才，是企業永續經營、戰勝對手的核心競爭力。積極培訓公司內部員工，是經濟不景氣時期的最佳戰略，而最快速的具體作法，就是「**建立企業內部圖書館，鼓勵員工多閱讀、多進修專業書藉**」

建議您：請一次購足本公司所出版各種經營管理類圖書，作為貴公司內部員工培訓圖書。使用率高的（例如「贏在細節管理」），準備 3 本；使用率低的（例如「工廠設備維護手冊」），只買 1 本。

經營顧問叢書 (302)　　售價：400 元

行銷部流程規範化管理（增訂二版）

西元二〇一四年七月　　增訂二版一刷

編輯指導：黃憲仁

編著：王瑞德

策劃：麥可國際出版有限公司（新加坡）

編輯：蕭玲

校對：劉飛娟

發行人：黃憲仁

發行所：憲業企管顧問有限公司

電話：(02) 2762-2241　(03) 9310960　0930872873

電子郵件聯絡信箱：huang2838@yahoo.com.tw

銀行 ATM 轉帳：合作金庫銀行　帳號：5034-717-347447

郵政劃撥：18410591　憲業企管顧問有限公司

登記證：行政業新聞局版台業字第 6380 號

本圖書是由憲業企管顧問(集團)公司所出版，以專業立場，為企業界提供最專業的各種經營管理類圖書。

圖書編號 ISBN：978-986-6084-98-0